Qu'est-ce qui pousse dans ma rue ?

Traduit de l'allemand par :
Claire Deschamps-Pruller

ulmer

À LA DÉCOUVERTE DE LA FLORE DES PAVÉS !

Pour vous permettre d'identifier le plus rapidement possible les plantes, nous les avons regroupées selon un ordre précis. Les plantes herbacées annuelles et pluriannuelles, qui constituent le plus grand groupe, viennent en premier, suivi par les quelques plantes ligneuses présentes en ville, puis par les graminées, les mousses, les fougères et enfin les lichens.

Le premier groupe est à nouveau divisé selon la couleur des fleurs : blanc, jaune, rouge, bleu et vert ou brun. Pour chaque couleur, sont d'abord présentées les fleurs ayant au maximum 4 pétales, puis celles avec 5, ensuite celles avec plus de 5 pétales, et pour finir, celles à symétrie bilatérale. Pour savoir tout de suite de quel groupe il s'agit, vous trouverez les symboles correspondants dans la fiche signalétique en bas de chaque page. Par exemple pour la benoîte commune, un simple coup d'œil suffit : plante à fleurs jaunes avec 5 pétales.

Légende des symboles utilisés dans le livre :

- 4 pétales maximum
- 5 pétales
- Plus de 5 pétales
- Fleurs à symétrie bilatérale

Ces symboles sont de la même couleur que la fleur en question.

- Plantes ligneuses
- Graminées
- Mousses
- Fougères
- Lichens

SOMMAIRE

ÉVEILLER LA CURIOSITÉ

Je vis une "mauvaise herbe".
On me donna son nom -
alors je la trouvai belle.
(Haïku japonais, traduction libre)

FLORE DES PAVÉS CONTRE LA CÉCITÉ BOTANIQUE La plupart des gens se souviennent du dernier animal qu'ils ont vu. Mais qu'en est-il des plantes ? Devant la maison ? Ben... un arbre. Dans la rue ? Une haie. Et quoi d'autre ? Nombreux sont ceux qui ne perçoivent les plantes que comme un arrière-plan vert, si tant est qu'ils les voient tout court. Mais qui prend vraiment le temps de regarder encore attentivement ? Qui examine en détail la forme des feuilles ou les particularités des plantes ligneuses ?

Les botanistes américains Elisabeth Schussler et James Wandersee ont forgé l'expression de « *Plant Blindness* » (cécité botanique) — ils entendent par-là « l'incapacité de voir les plantes de son propre environnement. » En 2019, un reportage de la BBC résume clairement en quoi cela peut être aujourd'hui non seulement regrettable, mais même aussi dangereux : cela mène à un manque de considération des plantes — et à un intérêt limité pour leur protection et leur conservation. Ceci est justement fatal dans les villes où nous avons urgemment besoin des plantes afin d'atténuer les conséquences du changement climatique. Et ce, de toutes les plantes : des grandes, des petites, pas seulement des arbres et des haies dans les parcs, mais aussi des innombrables petites plantes et graminées qui poussent dans les fissures, les joints et les moindres recoins.

Quelle est la dernière plante que vous avez remarquée près de chez vous ?

De mini-écosystèmes se développent dans les interstices entre les pavés (ici au moins 4 espèces différentes : plantain, graminée, pâquerette, mousse).

DE PRÉCIEUX ÉCOSYSTÈMES À partir du moment où nous regardons plus attentivement autour de nous, nous trouvons aussi dans nos villes de béton et de goudron des plantes presque partout, même dans les centres-villes. Directement sous nos pieds ! Ce sont certes d'abord les déchets que nous remarquons, les tessons de bouteilles et les innombrables mégots. Pourtant, de-ci, de-là, on remarque parfois de minuscules plantes obstinées — les rebelles des chaussées ! C'est entre les pavés, les points de jonction des caniveaux et les fentes des murs, que ces plantes à la nature combative ont trouvé leur place.

Un grand nombre de plantes et de graminées, de mousses, fougères et plantules d'arbres et d'arbustes ont su s'adapter à ces conditions extrêmes. Elles doivent braver au quotidien les piétinements des passants et les roues des voitures, la sécheresse, la chaleur, les rayons du soleil, la compaction des sols, l'intrusion saline et la pollution, sans parler des machines du service de nettoyage municipal ; ce sont donc de précieux micro-écosystèmes pour de nombreux insectes et organismes.

Les joints végétalisés stabilisent les structures pavées, absorbent l'eau et fixent la poussière.

REBELLES DES CHAUSSÉES, BELLE ET UTILES Ces plantes « rebelles » nous sont utiles à nous les humains sur divers plans : une végétation dense dans les joints des pavés accroît leur stabilité ; des joints végétalisés absorbent l'eau en surface, renforcent la capacité d'infiltration, contribuent au rafraîchissement et fixent la poussière. En outre, les plantes sauvages en ville sont très importantes pour l'écosystème urbain en offrant protection et nourriture à d'autres organismes tels que les abeilles sauvages, les petits coléoptères et les fourmis. Si on leur prête un peu d'attention, on se rend compte qu'elles sont en outre vraiment très belles. Elles méritent effectivement d'être mieux observées non seulement pour leurs fleurs, mais également pour la diversité des formes de leurs feuilles.

LA BIODIVERSITÉ EN VILLE

Quand on pense à la ville, la première chose qui vient à l'esprit, c'est le goudron et le béton. Mais c'est faux ! En observant plus attentivement, on peut découvrir une multitude de plantes et aussi d'animaux.

Pourquoi les villes possèdent-elles une telle biodiversité ? La plupart des gens opposent ville et nature et considèrent que les villes sont principalement constituées de goudron et de béton, ce qui, d'un point de vue purement quantitatif, est juste. Les villes sont toutefois des lieux où la biodiversité est très riche. Effectivement, on peut y trouver plus de 500 espèces de plantes sauvages. Cela s'explique d'une part par le fait que les différents types de construction et modes d'exploitation offrent de nombreux habitats pour les plantes et les animaux. Les cours intérieures, les jardinets devant les maisons, les bandes de terrain naturel, les haies et les murs végétalisés, les terrains vagues, les jardins, les cimetières et les parcs sont autant de conditions essentielles pour une biodiversité urbaine. Même les bâtiments peuvent abriter un grand nombre d'espèces (p. ex. des chauves-souris et des oiseaux). Les villes comptent aujourd'hui davantage d'espèces que nombre d'espaces en dehors de la ville, notamment car celle-ci, comparée au paysage agricole moderne, possède beaucoup de niches écologiques différentes pouvant être utilisées par diverses espèces.

Les façades végétalisées constituent des habitats pour de nombreux animaux.

Les plantes utilisent notre réseau d'infrastructure comme réseau de propagation.

D'autre part, les villes sont depuis des millénaires des lieux de commerce et donc des plaques tournantes cruciales pour la mobilité humaine. Des semences et des plants du monde entier se retrouvent là où les routes se croisent et s'implantent pour ensuite se propager. Les plantes sortent des jardins et partent à la conquête de nouveaux habitats, des espèces animales exotiques sont abandonnées par leurs propriétaires amateurs et ce sont surtout les espèces thermophiles qui profitent alors du climat plus doux des villes. C'est pour cela que l'on trouve dans les villes du monde entier un plus grand nombre d'espèces animales et végétales non indigènes. Nous rencontrerons donc beaucoup de ces plantes non indigènes appelées « néophytes » dans notre flore des pavés.

LÉGUMES ET CÉRÉALES DANS LA VILLE

On trouve même des pousses de tomates, de céréales et de tournesols au coin des rues. Un reste de sandwich à la tomate a peut-être atterri là, ou bien des oiseaux y ont été nourris. De précieuses plantes vivrières tentent de s'implanter dans nos villes en investissant les moindres interstices entre les pavés et les joints dans la chaussée. Comme il serait intéressant pour nous que ces minuscules plantules puissent grandir et nous approvisionner de légumes frais en ville ! Cependant, elles ont besoin de terre pour pousser, et les interstices dans le sol sont trop petits, trop secs et confrontés en permanence au piétinement et aux roues des voitures. Nous pourrions pourtant utiliser les surfaces autour des arbres des villes pour notre alimentation, ce qui est en train de se faire dans certaines villes. En raison du changement climatique, certaines plantes utiles se développent même mieux sous les arbres plutôt qu'en plein soleil. À la place des zones compactées au pied des arbres, le jardinage urbain pourrait alors aussi contribuer à une plus grande diversité végétale utile dans les villes grâce à des bacs de culture surélevés installés sur de petites surfaces publiques, comme un réseau à travers des villes entières. Cela nous permettrait même à nous, les citadins, de réapprendre aussi comment la nourriture saine est produite.

Un bourdon sur un pied de tomate. Les plantes utiles en ville fournissent de la nourriture aux animaux et aux hommes.

Des bandes de fleurs sauvages, avec le plus grand nombre possible d'espèces indigènes adaptées, devraient être une évidence dans les villes.

PARTOUT EN EUROPE, UNE PRISE DE CONSCIENCE DE LA "FLORE DES PAVÉS"

Si vous ne craignez pas les regards étonnés des passants, faites une incursion dans le microcosme sauvage urbain et attirez l'attention de vos congénères sur le sujet.

UN CŒUR POUR LES PLANTES Un véritable mouvement venu du terrain, initié par des botanistes amateurs et professionnels, a vu le jour en Europe pour inciter de plus en plus de monde à regarder ces petites plantes urbaines de plus près. À l'origine de ce mouvement, on trouve un botaniste toulousain, Boris Presseq, qui voulait éveiller les consciences quant à la présence des plantes sauvages des trottoirs et à la nature en ville en général, suivi par le programme de sciences participatives « Sauvages de ma rue ». L'idée est ensuite partie en Angleterre, où la biologiste Sophie Leguil a baptisé le mouvement « More than weeds » (Plus que des mauvaises herbes),

Le repérage des plantes attire l'attention sur les rebelles des chaussées.

Écrire le nom des plantes à la craie permet d'attirer l'attention.

pour arriver ensuite en Allemagne avec le mouvement #Krautschau (« Mise en lumière » des plantes sauvages).

LAISSER UNE TRACE (À LA CRAIE) Il s'agit ici de mettre en évidence avec un peu de craie colorée la nature combative de ces plantes, et ce, directement sur place :

- en écrivant leur nom et peut-être aussi une ou deux caractéristiques
- en prenant en photo l'inscription
- en postant la photo sur les réseaux sociaux.

APPRENDRE À CONNAÎTRE LES PLANTES Notre livre a pour but d'aider ceux qui ne connaissent pas trop les plantes à identifier cette flore minuscule. Pour les déterminer, il faudra souvent se mettre à genoux, non seulement en

raison de leur petite taille, mais aussi en signe de respect et d'admiration pour ces expertes de la survie !
Vous serez étonné du nombre d'espèces différentes que vous allez découvrir. Nous avons rassemblé environ une centaine d'espèces typiques de l'écosystème urbain, et présenté les caractéristiques permettant leur identification. Nous présentons également de nombreuses informations intéressantes sur les particularités de ces plantes.

POURQUOI AIMONS-NOUS TELLEMENT CE REPÉRAGE À LA CRAIE de la flore des rues ? C'est une formidable méthode pour sensibiliser à la diversité des plantes de manière ludique. Elle permet d'initier une prise de conscience de la nature ordinaire qui nous entoure chez les jeunes enfants, mais aussi chez les adultes. Des observations plus approfondies permettent ensuite de développer la perception des détails et une admiration pour la beauté de ces plantes.

Nous nous réjouissons à chaque fois que nous découvrons un nom de plante dans les rues !

Ceux qui veulent survivre en ville doivent être des durs à cuire, comme cette fougère, la « rue-des-murailles » qui fait maintenant partie d'un graffiti.

Cette action est également d'une grande simplicité : des gens de tous âges et de tout niveau d'éducation peuvent la pratiquer partout et toute l'année sans investissement, ni préparation. Il suffit d'avoir un morceau de craie et un téléphone portable. La biodiversité sera d'autant mieux acceptée si beaucoup de monde participe à l'action. Les municipalités sont également contentes lorsque ce thème suscite, pour une fois, un intérêt positif de la part du public, au lieu de déclencher les plaintes habituelles que des « mauvaises herbes » dérangent et qu'il faut les arracher. Ce genre d'actions est en cela une pièce supplémentaire au puzzle (certes petite, mais importante) pour engager notre société vers une gestion plus durable de la nature et promouvoir un climat soutenable pour l'homme dans nos villes.

LA BEAUTÉ DES OUBLIÉS Ceux qui s'habituent à regarder leur environnement plus attentivement remarqueront rapidement que ce sont justement ces plantes modestement cachées dans les fissures et les joints qui forment la véritable

« patine » des villes, le petit quelque chose en plus d'un mur ou des pavés d'une cour intérieure. Les mousses et les lichens sur le béton sont de véritables petites œuvres d'art qui témoignent de la victoire de la lutte pour la survie de nombreuses espèces contre la dénaturation par l'homme. Le repérage de la flore des pavés renforce la prise de conscience pour ces espèces discrètes ainsi que leurs interactions avec d'autres espèces dans des réseaux alimentaires complexes. L'homme n'est qu'un élément de ce réseau alimentaire et d'interactions de la vie, mais avec une influence excessive sur ces structures fragiles.

LES PIONNIERS DE LA FLORE DES PAVÉS

Boris Presseq est botaniste au sein du Muséum d'Histoire naturelle de Toulouse. C'est dans ce contexte qu'il a réalisé un inventaire des plantes sauvages poussant à Toulouse et qu'il s'est enthousiasmé pour leur diversité. Il est considéré comme l'un des créateurs de ces actions de sciences participatives autour de la flore urbaine. Sous le nom « Sauvages de ma rue » (voir le projet participatif de sciences du même nom au Muséum d'Histoire naturelle de Paris), il écrit depuis quelques années le nom des plantes sauvages sur les trottoirs de la ville. Son objectif est de faire prendre conscience aux citadins de la diversité et de l'importance de la nature autour d'eux. Selon lui, le fait d'écrire le nom des plantes permet d'attirer l'attention sur leur histoire et leur utilisation.

« À partir du moment où l'on nomme quelque chose, on lui donne une existence. » Et : « Au sein des grandes villes, nous laissons très peu d'espace à la flore et à la faune sauvage », explique Boris Presseq et il ajoute : « si on laissait les arbres pousser [...], on aurait une forêt urbaine. La nature n'a pas besoin de grand-chose pour se développer. » Au départ, Presseq a puisé son inspiration dans l'action artistique « Belles de bitume » de la conteuse Frédérique Soulard.

La biologiste **Sophie Leguil** travaille actuellement en Grande-Bretagne, au Luxembourg et en France en tant que consultante indépendante en écologie, autrice et traductrice scientifique, conférencière, et guide naturaliste. Son projet « More than weeds » (plus que des mauvaises herbes) a pour objectif de changer notre perception des plantes sauvages urbaines qui poussent sur les murs, les trottoirs et au pied des arbres.

Inspirée par l'initiative « Sauvages de ma rue », initié en 2001 par le Muséum d'Histoire naturelle français et l'organisation botanique Telabotanica, elle souhaite encourager les autorités locales à promouvoir la biodiversité en ville et inviter la population urbaine à apprendre comment vivre avec les plantes qui poussent sur les trottoirs, dans les caniveaux, sur les murs ou au pied des arbres. Des balades guidées, les réseaux sociaux et d'autres initiatives de communication comme des expositions et des livres d'identification spécialisés lui permettent d'attirer l'attention sur la diversité et la beauté de la flore urbaine.

En Allemagne, la première journée nationale d'action #KRAUTSCHAU (« Mise en lumière » des plantes sauvages) a été coordonnée en 2021 par nous-même, **Alexandra-Maria Klein** de l'université de Fribourg et **Julia Krohmer** de la Société pour la recherche naturelle Senckenberg de Francfort, et se développe depuis dans tout le pays.

Prenez votre découverte en photo
et partagez-la avec d'autres sur les réseaux sociaux.

PASSERAGE
DES DÉCOMBRES

Les
plantes
dans votre
ville

ALLIAIRE OFFICINALE

Aromate des ruelles

Alliaria petiolata | Brassicacée

ORNEMENTALE ET DÉLICIEUSE Cette jolie plante vert clair est présente dans une grande partie de l'Europe, du Proche-Orient et de l'Asie centrale jusqu'en Chine et en Inde. Elle a été introduite en tant que plante aromatique et médicinale en Amérique du Nord et du Sud où elle est considérée aujourd'hui comme invasive.

L'alliaire pousse au printemps, dans des sols frais et riches – normalement dans des forêts de feuillus clairsemées, mais on la retrouve très souvent dans des bosquets, en ville, dans les parcs et le long des chemins. Vous la trouverez souvent en compagnie de l'ortie qui a, elle aussi, une prédilection pour l'azote.

SE CONSOMME FRAÎCHE ET CRUE de préférence car la saveur caractéristique d'ail et de poivre disparaît à la

---

CARACTÉRISTIQUES : plante vert clair avec une tige quadrangulaire dressée et de petites fleurs blanches en grappes terminales | **FORME DE CROISSANCE** : vivace | **HAUTEUR** : 20-100 cm | **FEUILLES** : en forme de rein, feuilles de la base crénelées à long pétiole, feuilles de la tige alternes en forme de cœur, bord lobé | **FLORAISON** : ✿ avr.-juin | **FRUIT** : silique

cuisson ou lorsque la plante est séchée, contrairement à l'ail des ours qui lui, est bien plus connu. L'alliaire est utilisée comme aromate depuis environ 6 000 ans, comme en témoignent des restes de plantes découverts sur d'anciens fragments de céramiques au nord de l'Allemagne et au Danemark.
Cela fait donc de l'alliaire le condiment indigène le plus ancien connu à ce jour. Au Moyen-Âge, elle était souvent cultivée au jardin, car le vrai poivre, importé d'Asie, était trop cher pour la plupart des gens.
Les jeunes feuilles sont délicieuses dans des smoothies, sur du fromage frais ou directement sur du pain.
Les siliques encore vertes apportent une note poivrée à la salade et les graines noires peuvent être utilisées à maturité comme du poivre ou entrer dans la composition d'une sorte de moutarde. La racine à la saveur piquante peut être râpée comme du raifort et les fleurs peuvent servir de décoration dans la salade. Tout est bon dans l'alliaire !

APPRÉCIÉE DES INSECTES Lorsqu'ils sont encore à l'état de chenille, plusieurs papillons, certains parfois rares, se nourrissent des feuilles d'alliaire — quelques-uns se développent même uniquement sur cette plante.
Un grand nombre d'abeilles sauvages, de coléoptères, de mouches et de syrphes se délectent du nectar qui s'accumule à la base de la fleur et est facilement accessible. En revanche, cette espèce

L'alliaire, appelée aussi herbe à l'ail, est une source de nourriture pour de nombreuses espèces d'insectes.

n'est pas très amicale avec les autres plantes : en effet, ses racines sécrètent des substances chimiques qui inhibent la croissance de mycorhizes. Or, de nombreuses plantules d'arbres et de buissons en dépendent et ne peuvent pas ou mal se développer sans elles — l'alliaire empêche ainsi ces plantules de trop s'approcher d'elle.

Ses graines sont disséminées par le vent. La pluie les rend visqueuses et collantes, elles s'accrochent alors à un promeneur ou à un animal qui passe et sont ainsi transportées vers un nouvel habitat.

ARABETTE DES DAMES

Superstar de la recherche en biologie végétale

Arabidopsis thaliana | Brassicacée

UNE INCONTOURNABLE DE LA RECHERCHE SCIENTIFIQUE Cette espèce insignifiante est vraisemblablement la plante la plus étudiée qui soit. Son génome relativement petit a été le premier à être décrypté et elle sert d'organisme modèle en génétique depuis 1940. Originaire des zones tempérées d'Eurasie et d'Afrique du Nord, elle est présente aujourd'hui dans une grande partie du monde. L'arabette des dames a quitté son habitat naturel, les clairières sèches, pour suivre les hommes quand ceux-ci ont commencé à cultiver la terre en Europe et elle les suit depuis lors.

Elle est adaptée aux sols pauvres et s'accommode très bien de la vie en ville. Elle s'autoféconde la plupart du temps, ses graines étant disséminées par la terre, le vent ou grâce à de petits filaments collants.

CARACTÉRISTIQUES : tige dressée, généralement ramifiée et velue à la base | **FORME DE CROISSANCE** : annuelle ou bisannuelle | **HAUTEUR** : 5-30 cm | **FEUILLES** : feuilles de la rosette allongées à spatulées, dentelées, avec une extrémité supérieure arrondie, feuilles de la tige en général entières, sessiles, lancéolées ou presque linéaires | **FLORAISON** : avr.-mai : | **FRUIT** : silique

ALYSSON BLANC

Toxique pour les chevaux

BERTEROA INCANA | BRASSICACÉE

UNE PLANTE QUI GAGNE DU TERRAIN

Présente sur tout le territoire eurasien, cette espèce pionnière pousse dans les villes, généralement le long des routes, sur les remblais, les talus ou dans les chantiers — partout où la couverture végétale peut être discontinue, ainsi que dans des sols chauds, lumineux et ensoleillés.
En raison de la sécheresse de ces dernières années, l'alysson blanc colonise aussi d'autres habitats, comme les prairies par exemple.
Ceci pose un problème surtout pour les propriétaires de chevaux, car cette jolie plante est toxique pour ces quadrupèdes.

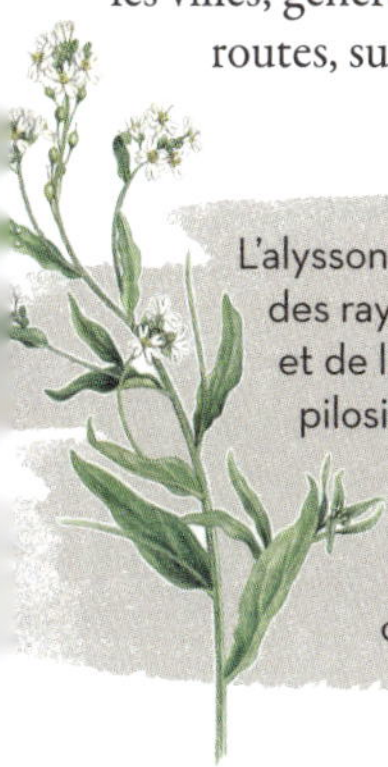

L'alysson blanc se protège des rayonnements lumineux et de l'évaporation grâce à sa pilosité foliaire. Il possède des poils étoilés qui peuvent être observés à l'aide d'une bonne loupe.

CARACTÉRISTIQUES : plante dressée, en général ramifiée, couverte de poils duveteux gris-vert | **FORME DE CROISSANCE** : annuelle ou bisannuelle | **HAUTEUR** : 20-80 cm | **FEUILLES** : feuilles de la rosette pétiolées, obovales-lancéolées, ou entières, feuilles de la tige sessiles, entières, pointues ou arrondies | **FLORAISON** : juin- oct. | **FRUIT** : silicule

BOURSE-À-PASTEUR

Des sacoches urbaines ultrachics

CAPSELLA BURSA-PASTORIS / BRASSICACÉE

PARTOUT ET TOUT LE TEMPS Cette espèce connue est capable de fleurir partout presque toute l'année. Elle aime les sols lumineux et riches. Elle tire son nom de la forme de ses silicules qui ressemblent à des bourses de bergers du Moyen-Âge (*pastoris* : latin pour berger). Elles ont un goût épicé et étaient utilisées autrefois comme du poivre. La substance visqueuse et gluante des graines, le mucilage, leur permet de se propager — collées aux semelles des hommes, aux pattes ou à la fourrure des animaux, les graines peuvent ainsi se disséminer dans le monde entier. Ce mucilage contient par ailleurs des enzymes fragmentant les protéines qui sont capables de décomposer les nématodes situés au niveau des graines en germination. Cela constitue une source de nutriments supplémentaires dans des sols pauvres.

Formule gagnante : une plante peut produire jusqu'à 64 000 graines capables de germer pendant 30 ans. De plus, elle réussit à engendrer jusqu'à quatre générations par an !

CARACTÉRISTIQUES : inflorescences d'abord en grappes ombelliformes, s'allongeant avec le développement des fruits en longues grappes lâches | **FORME DE CROISSANCE** : annuelle ou bisannuelle | **HAUTEUR** : 2-70 cm | **FEUILLES** : feuilles de la base à pétiole court, entières ou découpées en lobes aigus, à dents irrégulières (rappellent un peu les feuilles de pissenlit), feuilles de la tige lancéolées, sessiles | **FLORAISON** : janv.-déc. | **FRUIT** : silicule

CARDAMINE HÉRISSÉE

Salade urbaine

CARDAMINE HIRSUTA / BRASSICACÉE

UNE PLANTE QUI GAGNE DU TERRAIN
L'aire de répartition de cette espèce autrefois relativement rare et extrêmement adaptable se trouve en Europe et Asie, elle apparaît aujourd'hui presque dans le monde entier. Elle se contente aussi bien du potager que des interstices entre les pavés, des chantiers ou des pots de fleurs. Ses racines peuvent atteindre jusqu'à 35 cm de profondeur et elle est très précoce. Tant mieux pour nous, car ses feuilles et pousses tendres sont comestibles et délicieuses — elles ont un goût épicé, similaire à celui du cresson qui est de la même famille. Elles peuvent être utilisées de la même manière.

Grâce à un mécanisme caractéristique, cette jolie petite sauvage peut catapulter ses graines jusqu'à 1,4 m de distance, ce qui lui a permis de se propager rapidement au cours des dernières décennies.

CARACTÉRISTIQUES : rosette basale touffue avec plusieurs tiges se ramifiant, souvent rougeâtres | **FORME DE CROISSANCE** : annuelle | **HAUTEUR** : 7-30 cm | **FEUILLES** : feuilles de la base et de la tige avec 5 à 7 paires de folioles et foliole terminale, folioles des feuilles de la base en forme de rein ou obovales larges, celles des feuilles de la tige oblongues | **FLORAISON** : mars-juin | **FRUIT** : silique

DRAVE DE PRINTEMPS

Minuscule et frugale

DRABA VERNA / BRASSICACÉE

MÉRITE DAVANTAGE D'ATTENTION

Cette petite plante gracile apprécie les lieux très lumineux et pousse dans des sols très pauvres considérés comme difficiles par de nombreuses autres espèces (d'où son côté frugal). C'est là que ses graines vont germer en hiver et la plante perdurera sous forme de petite rosette de feuilles. Au printemps, ces plantes forment leurs petites fleurs blanches. Les feuilles meurent avant même que les graines ne soient mûres — mais la chlorophylle des silicules suffit à alimenter les graines jusqu'à maturité.

CARACTÉRISTIQUES : rosette basale avec des tiges non ramifiées, sans feuilles et couvertes de poils étoilés, plusieurs plantes poussent souvent ensemble | **FORME DE CROISSANCE** : annuelle | **HAUTEUR** : 3-15 cm | **FEUILLES** : entières ou légèrement dentées, obovales à lancéolées | **FLORAISON** : ✿ mars-mai | **FRUIT** : silicule

La drave de printemps est la plus petite espèce que vous rencontrerez en ville, et peut-être aussi la plus rapide : elle fleurit tôt au printemps, fructifie seulement quelques jours après et a souvent déjà à nouveau disparu en avril.

SABLINE À FEUILLES DE SERPOLET

Petites fleurs blanches étoilées

ARENARIA SERPYLLIFOLIA / CARYOPHYLLACÉE

AUTREFOIS ORIGINAIRE des zones tempérées d'Eurasie et d'Afrique du Nord, on retrouve cette petite plante aujourd'hui dans presque toutes les parties du monde, sa propagation étant assurée par l'homme. Elle aime pousser le long et sur les murs des villes, au bord des chemins ou dans les interstices entre les pavés. Elle paraît peut-être délicate, mais elle tolère même les piétinements. Bien que son nom latin contienne le nom de serpolet, elle n'a rien à voir avec celui-ci, ce que vous pouvez constater à son parfum lorsque vous froissez ses petites feuilles. Les fleurs peuvent s'autopolliniser ou sont pollinisées par de petites abeilles sauvages.

CARACTÉRISTIQUES : plante délicate ramifiée vert grisâtre à poils courts et drus avec de jolies petites fleurs blanches | **FORME DE CROISSANCE** : annuelle ou bisannuelle | **HAUTEUR** : 3-30 cm | **FEUILLES** : opposées, ovales-aiguës, 2-6 mm de longueur | **FLORAISON**: ✿ mai-sept. | **FRUIT** : capsule

Quand on apprend que la famille des Caryophyllacées correspond à celle des œillets, on peut être quelque peu déçu par la sabline. Mais regardez bien : au soleil, ses minuscules fleurs blanches scintillent comme des étoiles.

SAGINE COUCHÉE

Les apparences sont trompeuses

SAGINA PROCUMBENS / CARYOPHYLLACÉE

CECI N'EST PAS UNE MOUSSE MAIS UN ŒILLET C'est difficile à croire, mais cette petite plante appartient à la famille des œillets (*Caryophyllaceae*). Elle est souvent confondue avec de la mousse, mais il s'agit en fait d'une vivace gazonnante persistante avec de minuscules fleurs en forme d'étoiles. Cette petite plante ne se contente pas de parer à merveille les joints des dalles austères. Nul doute que la Sagine couchée fait partie des chefs-d'œuvre que l'on peut découvrir dans les joints entre les pavés dans n'importe quelle ville. Le piétinement de nos enfants quand ils jouent au foot devant le garage ne la dérange absolument pas. Elle y est totalement insensible. Même si nous sommes strictement opposés au salage en hiver, cela ne lui poserait aucun problème, car la sagine couchée tolère très bien le sel.

MAUVAISE HERBE, SEMENCE, SALADE La petite plante se propage en occupant tout l'espace entre les joints des pavés, ce qui lui vaut d'être considérée comme une mauvaise herbe. Pourtant elle ne dérange personne. Elle est tellement minuscule que la plupart des gens ne

---

CARACTÉRISTIQUES : petite herbe gazonnante, ressemblant un peu à une mousse | **FORME DE CROISSANCE** : vivace gazonnante | **HAUTEUR** : 2-15 cm | **FEUILLES** : opposées, linéaires | **FLORAISON** : ✿ mai-sept. | **FRUIT** : capsule arrondie avec 4 dents

Championne de la propagation : de minuscules graines s'accrochent à nos chaussures et aux pattes des animaux sauvages ou domestiques. Des stolons assurent également la propagation.

remarquent même pas sa présence. Grâce à ses petites fleurs en forme d'étoiles, la sagine subulée, l'espèce sœur très décorative, a fait son entrée dans l'industrie des semences, où elle est vendue comme un couvre-sol persistant et robuste. Les deux espèces sont également comestibles.
Vous pouvez en cueillir un petit peu pour agrémenter vos salades.

Les minuscules fleurs en forme d'étoiles ne s'ouvrent qu'au soleil.

ORPIN BLANC

Expert en survie et plante pionnière

SEDUM ALBUM / CRASSULACÉE

UNE PIONNIÈRE DANS LES VIEUX MURS et les lieux incultes caillouteux.
Les feuilles stockent l'eau et sont recouvertes d'une couche cireuse qui réduit l'évaporation — une parfaite adaptation à un ensoleillement intense.
Ses racines plates permettent à la plante de très bien se développer dans les fissures des murs.
Nous avons pu observer de nombreuses chenilles de papillon comme l'Apollon, l'Azuré des orpins et diverses espèces de la sous-famille des Theclinae sur ces plantes. L'abeille des sables récolte le pollen de l'orpin blanc pour sa progéniture.

Observez attentivement les tiges : vous pourrez peut-être voir aussi des racines. Cette forme de reproduction végétative est très fréquente chez l'orpin.

CARACTÉRISTIQUES : feuilles charnues, fleurs blanches avec des anthères rougeâtres | **FORME DE CROISSANCE** : vivace | **HAUTEUR** : 2-20 cm | **FEUILLES** : alternes, charnues, linéaires jusqu'à cylindriques, vertes ou rougeâtres | **FLORAISON**: ✿ grappes de 2 à 6 fleurs, juin-sept. | **FRUIT** : follicule

ÉGOPODE PODAGRAIRE

Gênant, savoureux, riche en vitamines

AEGOPODIUM PODAGRARIA / OMBELLIFÈRE

UN CASSE-PIEDS AU JARDIN L'égopode podagraire, connue aussi sous le nom d'herbe à goutteux, est considérée comme exaspérante au jardin, car il est difficile de s'en débarrasser. En fait, on devrait plutôt la voir comme une délicieuse source de vitamines et une plante à insectes. Les jeunes feuilles contiennent en effet beaucoup de vitamines et de minéraux. Durant les famines en Europe, l'égopode podagraire a sauvé de nombreuses vies, et elle est appréciée aujourd'hui en tant que légume sauvage. En jetant juste un petit coup d'œil devant le mur de notre jardin, je peux voir de nombreuses espèces d'insectes qui s'ébattent sur les ombelles — voilà un habitat précieux.

Les feuilles situées près du sol perdurent durant l'hiver – ce qui leur donne un avantage face à la concurrence au printemps. Ses drageons à très forte croissance se faufilent partout et lui permettent de pousser dans les joints étroits et les fissures.

CARACTÉRISTIQUES : rhizome très vigoureux et tige glabre cannelée | **FORME DE CROISSANCE** : vivace | **HAUTEUR** : 50-90 cm | **FEUILLES** : alternes avec de petites feuilles en dents de scie, souvent découpées en lobes aigus sur un côté et entières sur l'autre | **FLORAISON**: ✿ en ombelles doubles sans involucre, juin-juillet | **FRUIT** : schizocarpe

CAROTTE SAUVAGE

Faux insecte et écrin à étoiles

DAUCUS CAROTA / OMBELLIFÈRE

LE FAUX INSECTE SUR LA FLEUR a pour fonction d'attirer les autres insectes. Ce point pourpre foncé est composé de 2 à 16 fleurs colorées par des anthocyanines (ce sont des colorants végétaux sombres), il se trouve au centre de nombreuses fleurs rassemblées en ombelles. Pour les pollinisateurs potentiels, les choses se présentent ainsi : « S'il y a déjà un insecte, ça doit vouloir dire qu'il y a sûrement du pollen et du nectar sur ces grosses fleurs. » Grâce à cette astuce, la carotte sauvage attire de nombreux insectes, tels que des mouches, des coléoptères, des guêpes ou encore des abeilles sauvages. Le faux insecte ne ressort cependant pas sur chaque ombelle, il ne faut donc pas que cela soit un obstacle au moment de l'identification. L'involucre, c'est-à-dire la petite collerette de feuilles disposée ici en forme d'étoile au niveau de la base de l'inflorescence, est toutefois toujours présente. Si vous avez toujours un doute, froissez une feuille entre vos doigts. Elle doit sentir le panais ou la carotte.

CARACTÉRISTIQUES : fleurs sombres en général au centre de l'ombelle et involucre en forme d'étoile | **FORME DE CROISSANCE** : bisannuelle, port dressé | **HAUTEUR** : 20-120 cm | **FEUILLES** : alternes, bi- ou tripennées et atteignant presque la nervure centrale | **FLORAISON**: ❀ ombelles doubles, mai-juil. | **FRUIT** : schizocarpe à aiguillons en deux parties

NID D'OISEAU Que ce soit avant ou après la floraison, l'ombelle de la carotte sauvage ressemble à un nid d'oiseau, car les rayons de l'ombelle s'enroulent sur eux-mêmes par temps humide. C'est aussi à ça que vous pouvez reconnaître la cousine sauvage de notre carotte cultivée. Par temps sec, les rayons s'écartent à nouveau. Ce phénomène est connu sous le nom de mouvements hygroscopiques, c'est-à-dire contrôlés par l'humidité.

L'infrutescence ressemble un peu à un nid d'oiseau.

COMESTIBLE Pouvant atteindre jusqu'à 80 cm de profondeur la deuxième année, les racines blanches sont assez filandreuses et avec une saveur parfois très piquante. Nous ne recommandons de ne les manger que la première année après la germination. Les feuilles et les tiges encore jeunes apportent une note douce aux salades.

Caractéristique : la fleur de couleur sombre au centre de l'ombelle faisant croire à la présence d'un insecte.

Les graines ne sont pas seulement disséminées par le vent. Elles s'accrochent aux écureuils et aux rats, aux chiens et aux chats qui les transportent de-ci, de-là.

RENOUÉE DES OISEAUX

Bouge en dormant

POLYGONUM AVICULARE AGG. / POLYGONACÉE

SE REPLIE SUR ELLE-MÊME La Renouée des oiseaux tolère extrêmement bien les piétinements : pour résister aux fauteurs de troubles nocturnes, elle place ses feuilles dressées les unes contre les autres en fin de journée. On appelle ça le mouvement de veille et de sommeil. Les petites fleurs peu apparentes, blanc rosé, ne contiennent pas de nectar. Même si nous plaçons des sachets sur les fleurs dans notre allée de garage pour empêcher les insectes de les polliniser, elles formeront malgré tout de nombreuses graines. Cela indique clairement une autopollinisation, en accord avec la floraison peu attrayante et discrète.

La Renouée des oiseaux se blottit sur des trottoirs très fréquentés, s'étalant généralement dans les plus petits recoins et de

---

CARACTÉRISTIQUES : gaine de la feuille translucide, membraneuse, souvent argentée, luisante, fleurs par 1 à 3 | **FORME DE CROISSANCE** : annuelle, étalée ou dressée | **HAUTEUR** : 5-50 cm | **FEUILLES** : alternes, entières, sessiles ou à pétiole court | **FLORAISON:** ✿ mai-nov. | **FRUIT** : nucule rouge, ovale qui peut germer pendant des centaines d'années.

minuscules fissures. Dans un habitat plus favorable avec un meilleur sol, elle peut même pousser jusqu'à 50 cm de hauteur. Elle résiste partout à de fortes sécheresses.

L'ABRÉVIATION AGG. DANS SON NOM est utilisée en sciences pour montrer qu'elle est ce qu'on appelle un agrégat d'espèces, c'est-à-dire un complexe de plusieurs sous-espèces et de petites espèces difficiles à différencier.

La Renouée des oiseaux rampe sur le sol.

AU MOYEN-ÂGE DÉJÀ, Hildegarde de Bingen classait la Renouée des oiseaux parmi les plantes médicinales. Elle contient non seulement des principes actifs comme de l'acide sialique et des flavonoïdes, en particulier de l'avicularine, mais aussi des huiles essentielles, des tanins et des résines.
Elle sert encore de nos jours en usage interne pour traiter les maladies des voies respiratoires, ainsi que les saignements du nez et en voie externe comme cicatrisant.

PLANTE NOURRICIÈRE La Renouée des oiseaux servait autrefois de nourriture pour les oiseaux et les cochons dans les fermes de toute l'Europe centrale jusqu'à une altitude de 2 200 m au-dessus de la mer.

C'est la pluie et ce sont les moineaux qui propagent les fruits sur les trottoirs, à travers les joints des pavés et le long des chemins, c'est pourquoi la Renouée des oiseaux est aussi connue comme une herbe des chemins, sans pour autant être une herbe.

MORELLE NOIRE

Cousine de la tomate à la sinistre renommée

SOLANUM NIGRUM / SOLANACÉE

LES BAIES TOXIQUES DE LA TAILLE D'UN PETIT POIS sont la raison pour laquelle il faut se méfier en général de cette plante. Ce sont surtout les fruits encore verts qui contiennent des quantités considérables de solanine, un alcaloïde toxique. Dans d'autres parties du monde, les fruits mûrs sont cependant consommés, tout comme les feuilles, et la plante est considérée comme une plante médicinale dans de nombreuses cultures. Elle est de la même famille que les tomates et les pommes de terre, ce qui se voit particulièrement bien à ses jolies fleurs. L'origine géographique de la morelle noire n'est toujours pas sûre, mais on pense qu'elle se situe en Eurasie.

Cette espèce s'est très bien adaptée aux sols les plus divers et aime pousser en ville sur le bord des routes, dans les gravats, sur les remblais, dans les haies, mais aussi près des cours d'eau. Elle ne tolère pas les longues périodes de sécheresse.

CARACTÉRISTIQUES : tige souvent de couleur violet-noir, fleurs blanches graciles en groupes de fleurs ombelliformes | **FORME DE CROISSANCE** : annuelle | **HAUTEUR** : 10-80 cm | **FEUILLES** : d'un vert foncé marqué, ovoïdes à lancéolées, bord de la feuille entier à sinué ou denté | **FLORAISON** ✿ juin-oct. | **FRUIT** : baies

MOURON DES OISEAUX

Mauvaise herbe bonne pour la santé

STELLARIA MEDIA / CARYOPHYLLACÉE

GERME MÊME EN HIVER Ses graines mûrissent presque toute l'année et germent même par quelques degrés au-dessus de zéro. Il parvient ainsi à créer deux à trois générations par an et recouvre rapidement les sols propices d'un tapis dense, ce qui lui permet de les protéger de l'érosion et du dessèchement. Apprécié des oiseaux, d'où son nom, il est également bon pour notre santé, délicieux en salade et plein de vitamine C. Ses principes actifs ont des effets anti-inflammatoires, stimulants pour la digestion, diurétiques et détoxifiants. Le mouron des oiseaux est aussi appelé morgeline ou stellaire intermédiaire.

Le mouron des oiseaux a été disséminé par l'homme à travers le monde depuis l'Âge de pierre et a fini par le suivre aujourd'hui jusque dans la ville. Il indique la présence d'azote dans les sols.

CARACTÉRISTIQUES : pousses couchées, ramifiées, formant des racines, tige munie sur un côté d'une ligne de poils | **FORME DE CROISSANCE** : annuelle | **HAUTEUR** : 3-40 cm | **FEUILLES** : ovales larges à allongées et effilées, opposées, légèrement pétiolées, en haut non pétiolées, jusqu'à 1 cm de long et 0,5 cm de large | **FLORAISON** ✿ janv.-déc. | **FRUIT** : capsule

GRAND LISERON

Magnifique plante ornementale ou bien mauvaise herbe agaçante ?

CALYSTEGIA SEPIUM / CONVOLVULACÉE

MONSIEUR MÉTÉO À CONTRE-SENS
Pourquoi ce surnom ? Parce qu'en cas de mauvais temps, ses fleurs blanches restent fermées. En revanche, elles sont ouvertes la nuit, car elles sont principalement pollinisées par des insectes nocturnes. L'un d'entre eux est le Sphinx du liseron avec sa trompe de 8 cm de longueur. Le matin, on peut trouver de minuscules abeilles sauvages ou solitaires (*Halictus* et *Lasioglossum*) dans les fleurs. En grimpant, les vrilles effectuent des mouvements de recherche circulaires dans le sens inverse des aiguilles d'une montre (un tour dure près de 2 heures). Les grands liserons peuvent vivre plusieurs années. La sève de leurs tubercules a un effet laxatif.

Se propage par drageons ou par ses graines capables de flotter et pouvant être transportées par une rivière notamment, puis dériver sur l'eau sans dommage pendant 33 mois (!) avant de germer dans un endroit éloigné.

CARACTÉRISTIQUES : plante volubile à fleurs en forme d'entonnoir pouvant mesurer jusqu'à 5 cm de long d'un blanc pur | **FORME DE CROISSANCE** : vivace grimpante | **HAUTEUR** : 100-300 cm | **FEUILLES** : en forme de cœur ou de flèche, alternes, de plus de 10 cm de longueur sur de longs pétioles | **FLORAISON** : ✿ juin-sept. | **FRUIT** : capsule

ACHILLÉE MILLEFEUILLE

Un régal pour les insectes

ACHILLEA MILLEFOLIUM / ASTÉRACÉE

APPRÉCIÉE DES MOUTONS ET DES INSECTES Certaines races de moutons adorent les feuilles et les fleurs de l'achillée, mais elles laissent les tiges coriaces dans les prés. Comme il n'y a pas de mouton en ville, les jolies fleurs blanc rosé peuvent se propager tranquillement. Produisant du pollen et du nectar en abondance, l'achillée est très appréciée des insectes butineurs. Le nom de cette très ancienne plante médicinale remonte à Achille, le héros de la Guerre de Troie : il aurait soigné les plaies avec des teintures d'achillée. En phytothérapie, l'achillée millefeuille n'est pas utilisée pour la cicatrisation, mais principalement pour les troubles gastro-intestinaux.

CARACTÉRISTIQUES : corymbe | **FORME DE CROISSANCE** : vivace | **HAUTEUR** : 20-120 cm | **FEUILLES** : alternes avec, au bord, des lobes dentés très découpés | **FLORAISON** : ❀ juin-oct. | **FRUIT** : akène, fruit indéhiscent contenant une graine

De minuscules graines gris-jaune de quelques millimètres s'envolent avec le vent de rue en rue. L'achillée millefeuille se propage aussi par stolons.

VERGERETTE DU CANADA

Super-mauvaise herbe résistant aux pesticides

ERIGERON (CONYZA) CANADENSIS / ASTÉRACÉE

UN NÉOPHYTE RÉSISTANT Ce nouveau venu en provenance du Canada et des États-Unis se propage à grande vitesse. Vous le trouverez sûrement dans les fissures des trottoirs et au pied des murs. La vergerette du Canada est plutôt sans intérêt pour les insectes et les protecteurs de la nature l'arrachent dès qu'ils la rencontrent, car, à l'instar de la vergerette annuelle (p. 43), elle représente une menace pour le développement des espèces indigènes.
Aux États-Unis, la vergerette du Canada a développé une résistance au glyphosate et est ainsi devenue une « super mauvaise herbe » (*Superweed*).

CARACTÉRISTIQUES : très longue panicule avec de nombreux capitules fermés de 3 à 5 mm de diamètre | **FORME DE CROISSANCE** : annuelle | **HAUTEUR** : 20-100 cm | **FEUILLES** : alternes, lancéolées | **FLORAISON** : capitules fermés (*cf.* Vergerette annuelle : fleurs ouvertes) juil.-oct. | **FRUIT** : akènes avec une couronne de poils jaunâtres

Les fruits qui semblent être poilus sont capables de voler sur de longues distances et ont tendance à s'accrocher à la fourrure des animaux sauvages ou domestiques.

VERGERETTE ANNUELLE

Ceci n'est pas une pâquerette, mais un néophyte très peu apprécié

ERIGERON ANNUUS / ASTÉRACÉE

QUAND UNE PLANTE ORNEMENTALE DEVIENT UN NÉOPHYTE INVASIF Au XVIIe, la vergerette annuelle a été importée des États-Unis vers l'Europe comme plante d'ornement pour devenir depuis une espèce invasive. Divers insectes se posent sur elle occasionnellement, mais souvent seulement pour prendre un bain de soleil. Cette plante fait penser à une pâquerette, mais elle est bien plus haute avec plusieurs capitules floraux et non un seul sur une rosette de feuilles comme la pâquerette.

CARACTÉRISTIQUES : capitules de 1 à 2 cm de large avec des fleurs extérieures ligulées | **FORME DE CROISSANCE** : annuelle ou pluriannuelle | **HAUTEUR** : 50-100 cm | **FEUILLES** : alternes, entières, lancéolées, à pétiole court ou sessiles | **FLORAISON** : fleurs ligulées blanches à mauve très pâle, juin-sept. | **FRUIT** : akènes

Une plante produit jusqu'à 50 000 graines qui se propagent avec le vent et peuvent être capables de germer dans des fissures de route ou de chemins pendant des années. Ce n'est pas facile de se débarrasser de cette plante !

PÂQUERETTE

Une célébrité à floraison permanente

BELLIS PERENNIS / ASTÉRACÉE

LA FLEUR LA PLUS CONNUE dans toute l'Europe centrale, c'est la pâquerette, avant le pissenlit. Dans les régions chaudes, elle fleurit toute l'année et ses fleurs restent intactes même par -15 °C. Les fleurs se teintent de rose après une nuit froide. Comme elle pousse partout, tout le monde la connaît.

BEAUCOUP DE FLEURS DANS UN SEUL CAPITULE
Les amateurs pensent que la pâquerette n'a qu'une seule fleur. Cependant, elle est ce qu'on appelle un pseudanthium, une fausse fleur. Son inflorescence est un capitule, composée de plusieurs fleurs, ce qui est le cas de toutes les Astéracées. Le capitule s'oriente vers le soleil et se referme quand il pleut. Les coléoptères, les abeilles, les mouches et les punaises viennent butiner la pâquerette. Mais en général, les insectes préfèrent d'autres Astéracées quand celles-ci poussent dans les environs. La pâquerette peut s'autopolliniser, elle n'a donc aucun problème si les insectes cherchent le pollen et le nectar des autres fleurs.

UTILISATION MULTIPLE Appelée aussi petite marguerite ou fleur de Pâques, la pâque-

---

CARACTÉRISTIQUES : rosette basale avec tige nue et un capitule | **FORME DE CROISSANCE** : vivace | **HAUTEUR** : 5-15 cm | **FEUILLES** : persistantes simples en rosette basale | **FLORAISON** : ✿ capitules individuels, blanc ou teintés de rose, janv.-nov. | **FRUIT** : akènes

rette contient beaucoup de vitamine C, de fer et de magnésium, mais aussi des principes actifs un peu moins digestes. Il ne faut donc l'utiliser que comme un petit plus dans les salades ou les soupes. Les pâquerettes sont aussi très bonnes sur une tartine de pain beurrée ou cuites à l'étuvée dans un peu d'huile d'olive, puis parsemées sur des pâtes ou de la salade. On peut trouver une multitude de recettes de pâquerettes dans différents livres. La pâquerette est aussi très appréciée en bouquet et en couronne. Elle est également utilisée de diverses manières en naturopathie, par exemple dans des pommades pour son effet anti-inflammatoire.

RÉSISTANTE AU PIÉTINEMENT
La pâquerette tolère les piétinements et est difficile à éliminer en ville. Elle est également très utilisée dans les mélanges fleuris pour pavés.

La rosette de feuilles a un port très étalé, près du sol et est assez résistante au piétinement.

LES PÂQUERETTES POMPONNETTES
sont les variétés horticoles de la pâquerette, pour lesquelles de nombreuses fleurs ligulées ont été cultivées afin d'obtenir de grands capitules en forme de pompon. Tout comme pour les roses ou les tulipes, des pâquerettes ont été cultivées pour correspondre au « goût » des hommes. Les insectes, quant à eux, préféreraient des variétés avec davantage de nectar et de pollen.

Les petites graines, pourtant dépourvues d'aigrettes, sont disséminées par le vent et la pluie, et aussi par les vers de terre, les escargots et en ville, par les hommes. La pâquerette peut également se reproduire de manière végétative.

GALINSOGA À PETITES FLEURS

Néophyte venue des Andes

GALINSOGA PARVIFLORA / ASTÉRACÉE

ELLE AURAIT SUIVI LES TROUPES NAPOLÉONIENNES au début du XIXe siècle à travers l'Europe. C'est pour cette raison qu'on l'appelle aussi en Allemagne « l'herbe aux Français ». En fait, échappée du Jardin botanique de Paris où elle avait été introduite en 1794, elle s'est vraisemblablement propagée au même rythme que l'avancée des troupes de Napoléon. Par ailleurs, ses petits capitules floraux ressemblaient aux boutons des uniformes français. Elle était en outre cultivée pour ces feuilles savoureuses.

CARACTÉRISTIQUES : fleurs ligulées à 3 pointes, très espacées sur le bord de la fleur, fleurs tubulaires denses au centre | **FORME DE CROISSANCE** : annuelle | **HAUTEUR** : 10-60 cm | **FEUILLES** : opposées, ovoïdes et pubescentes uniquement au bord et le long des nervures sur la face inférieure de la feuille | **FLORAISON** : ✿ mai-oct. | **FRUIT** : akènes

Les fruits possèdent comme des hameçons sur le calice qui leur permettent de s'accrocher aux animaux ou au pantalon des passants ou encore lorsque nous les arrachons dans le potager. La galinsoga à petites fleurs est donc une championne de la dispersion par transport sur le pelage des animaux.

CAMOMILLE SAUVAGE

En cas de maux de ventre et de rhume

MATRICARIA CHAMOMILLA / ASTÉRACÉE

PARFUMÉE AVEC UN RÉCEPTACLE CREUX, c'est ce qui différencie la Camomille sauvage (ou matricaire, camomille vraie) des autres camomilles telles que la camomille inodore. La camomille sauvage est une plante médicinale intéressante, par exemple en cas de maux de ventre, et l'inhalation d'une infusion de ses fleurs dissout le mucus et aide à soulager les maux de tête dus au rhume. Son nom générique « Matricaria » vient de son ancienne utilisation pour traiter les douleurs menstruelles. L'huile de camomille qu'on en extrait est bleue !

CARACTÉRISTIQUES : réceptacle floral conique, creux, très aromatique | **FORME DE CROISSANCE** : annuelle | **HAUTEUR** : 15-40 cm | **FEUILLES** : alternes, découpées en lobes aigus très aromatiques | **FLORAISON** : ✿ fleurs tubuleuses jaunes, fleurs ligulées blanches, souvent rabattues, mai-août | **FRUIT** : akènes sans aigrette

La camomille sauvage forme de petites graines fines, brunes sans aigrettes qui sont disséminées par les animaux et les humains. La dispersion par le vent ne joue donc aucun rôle pour cette plante.

TRÈFLE BLANC

Plante à bourdon

TRIFOLIUM REPENS / LÉGUMINEUSE

L'APAISEMENT DES TROUBLES DE LA MÉNOPAUSE est attribué au trèfle blanc grâce à sa teneur en phytohormones. Celle-ci est cependant encore plus élevée chez le Trèfle commun (*Trifolium pratense*).
La phytohormone est un phytœstrogène qui se fixe aux récepteurs des œstrogènes. On ne connaît pas à ce jour d'effets secondaires des phytohormones. Appelé également trèfle rampant (*repens* = rampant), le trèfle blanc est très apprécié des bourdons. Les espèces à longue trompe en particulier sont capables d'atteindre le nectar niché au fond des étroites fleurs tubuleuses.

CARACTÉRISTIQUES : rampant, avec des feuilles généralement marbrées de blanc ; inflorescences globuleuses | **FORME DE CROISSANCE** : vivace | **HAUTEUR** : 15-45 cm | **FEUILLES** : petites feuilles alternes, glabres, elliptiques à obovales, finement dentées| **FLORAISON** : mai-sept. | **FRUIT** : gousse

Résiste au sel, aux piétinements et aux fortes concentrations d'azote, mais pas à la sécheresse ; pour se faufiler le long des rues et des chemins, il enfonce ses stolons rampants entre les joints des pavés.

HERBE AUX CHANTRES

Du balai

SISYMBRIUM OFFICINALE / BRASSICACÉE

FLORAISON SANS FIN Originaire d'Europe, d'Asie et d'Afrique du Nord, cette espèce est aujourd'hui présente dans les villes du monde entier. L'herbe aux chantres est très peu exigeante et capable de pousser dans de nombreux sols, mais elle a une préférence pour les terrains ruderalisés ensoleillés. Les fleurs sont d'importantes sources de pollen pour sept espèces d'Andrènes (abeilles sauvages). La plante continue de pousser en hauteur et produit constamment de nouvelles fleurs. Les chenilles de quatre espèces de papillons en mangent les feuilles, tout comme nous, qui apprécions les jeunes pousses, par exemple dans les salades de plantes sauvages. Les graines moulues donnent une épice aromatique avec une note de moutarde. Attention, à utiliser avec parcimonie car l'herbe aux chantres contient aussi des glycosides cardiotoniques.

CARACTÉRISTIQUES : port érigé avec des tiges latérales éparses et arquées vers le haut | **FORME DE CROISSANCE** : annuelle | **HAUTEUR** : 30-60 cm | **FEUILLES** : pennées, lobées, le dernier lobe plus grand, velues sur les deux faces | **FLORAISON** : petite, peu apparentes, mai-oct. | **FRUIT** : silique

L'Herbe aux chantres a une réputation « d'indestructible », elle tolère les fortes chaleurs et le plein soleil. Les plantes mortes étaient utilisées autrefois comme balais... et les graines encore accrochées aux branches étaient ainsi disséminées partout.

ROQUETTE JAUNE

La roquette des trottoirs

DIPLOTAXIS TENUIFOLIA / BRASSICACÉE

ROBUSTE, SAUVAGE, DÉLICIEUSE

La roquette jaune ressemble à sa proche cousine la roquette cultivée (*Eruca sativa*) en raison de son goût piquant caractéristique de noisette, dû à la présence d'huiles de moutarde dans les deux espèces. Contrairement à la roquette cultivée reconnaissable avec ses fleurs blanches, la roquette jaune tient son nom du jaune éclatant de ses fleurs — on la retrouve souvent au bord des grandes routes, car elle tolère bien le sel et apprécie la lumière et la chaleur. De bonnes qualités pour une vie en ville !

Avant de cueillir les délicieuses feuilles pour agrémenter votre salade ou votre pizza, bien regarder où la plante pousse... et surtout veiller à les laver soigneusement avant de les consommer !

CARACTÉRISTIQUES : plante d'un vert intense, pruineuse, ramifiée, vigoureuse, siliques de 2 à 6 cm de long | **FORME DE CROISSANCE** : vivace | **HAUTEUR** : 30-80 cm | **FEUILLES** : 2 à 15 cm de long, 1 à 6 cm de large, elliptiques à obovales, bord crénelé à profondément lobé, avec 2 à 5 lobes oblongs à linéaires | **FLORAISON** : mai-oct. | **FRUIT** : silique

GRANDE CHÉLIDOINE

L'Herbe aux verrues

CHELIDONIUM MAJUS / PAPAVÉRACÉE

DESTRUCTEUR DE VERRUES Le latex orangé, qui contient plus d'une douzaine d'alcaloïdes dont la chélidonine, s'écoule immédiatement lorsque la plante est blessée. Lors d'expérimentations personnelles (application de latex), les verrues ont fini par disparaître, mais nous ne pouvons que spéculer sur le fait de savoir s'il s'agissait de l'auto-guérison ou si c'était effectivement dû au latex.

CARACTÉRISTIQUES : latex orangé | **FORME DE CROISSANCE** : vivace | **HAUTEUR** : 30-70 cm | **FEUILLES** : alternes, découpées irrégulièrement en lobes aigus ou simplement pennées | **FLORAISON** : avr.-oct. | **FRUIT** : capsule à deux valves contenant des graines ovoïdes avec une excroissance huileuse

Chaque graine porte une excroissance huileuse très appréciée des fourmis. Après l'avoir mangée, elles laissent tomber la graine, ce qui permet leur dissémination. La grande chélidoine est également propagée par les escargots, les chaussures, ainsi que les roues de vélo ou de voiture.

ONAGRE BISANNUELLE

Reine jaune de la nuit

OENOTHERA BIENNIS / ONAGRACÉE

LES FLEURS PARFUMÉES s'ouvrent le soir et fleurissent jusqu'en fin de matinée du lendemain (elle est parfois appelée « belle de nuit »). Importée d'Amérique du Nord vers l'Europe comme plante d'ornement en 1620, l'onagre bisannuelle est considérée aujourd'hui comme indigène. Cette plante n'est pas seulement belle, elle est aussi délicieuse : sa racine pivotante rougeâtre (au goût de jambon cuit, ce qui lui vaut le surnom de « jambon du jardinier ») peut se préparer comme des salsifis, ses feuilles se consomment en salade ou bien cuisinées comme des épinards, ses fleurs peuvent servir de décoration comestible, et on obtient une huile de haute qualité avec ses graines.

Vous pourrez trouver la belle-de-nuit sur les remblais, les talus, le long des routes et dans les friches où elles sont pollinisées le soir par les papillons de nuit. À maturité, les graines tombent des capsules au moindre coup de vent ou léger contact.

CARACTÉRISTIQUES : rosette la 1re année, tige érigée la 2e avec de nombreuses fleurs pouvant mesurer jusqu'à 8 cm | **FORME DE CROISSANCE** : bisannuelle | **HAUTEUR** : 50-200 cm | **FEUILLES** : vert pâle, obovales-lancéolées à elliptiques, feuilles de la base jusqu'à 30 cm de long, celles de la tige jusqu'à 22 cm de long, jusqu'à 5 cm de large | **FLORAISON** : juin-sept. | **FRUIT** : capsule

ORPIN ÂCRE

Succulente à réservoir d'eau

SEDUM ACRE / CRASSULACÉE

RÉSISTE À DE LONGUES PÉRIODES DE SÉCHERESSE et continue même à pousser dans un herbier : effectivement, au bout de quelques jours de séchage, l'orpin âcre a soudain commencé à fleurir dans notre herbier. Les feuilles stockant de l'eau (succulentes), cela prend du temps jusqu'à ce que les réserves d'eau situées justement dans les cellules des feuilles soient épuisées. Ceci permet à l'orpin âcre de pousser dans les interstices secs entre les pavés, de fleurir et de se propager. Il est très apprécié pour les toitures végétalisées.

CARACTÉRISTIQUES : feuilles charnues et fleurs jaunes, au goût piquant | **FORME DE CROISSANCE** : vivace | **HAUTEUR** : 3-15 cm | **FEUILLES** : alternes, charnues ovoïdes-triangulaires | **FLORAISON** : grappe de 1 à 7 fleurs. Juin-août |**FRUIT** : follicule

Les graines sont expulsées du fruit lorsqu'il pleut et disséminées par la pluie. La plante est principalement autopollinisatrice, mais comme les tiges sont capables de s'enraciner, elle peut aussi se reproduire de manière végétative.

MILLEPERTUIS PERFORÉ

Antidépresseur naturel

HYPERICUM PERFORATUM / HYPÉRICACÉE

HERBE DE LA SAINT-JEAN Tel est le surnom du millepertuis. En effet, le 24 juin est le jour de la Saint Jean, c'est-à-dire l'anniversaire de Jean Baptiste — un jour proche du solstice d'été (entre le 20 et le 22 juin). C'est à cette période que le millepertuis commence à fleurir, bien que sa floraison avance de plus en plus aujourd'hui, mais son surnom perdure quand même. Le millepertuis commun possède une tige à 2 côtes saillantes, remplie de moelle, ce qui permet de bien le différencier des autres espèces de millepertuis.

LES DOIGTS ROUGES AVEC LES FLEURS JAUNES Si vous froissez les fleurs entre vos doigts, vous aurez le bout des doigts tout rouges. Ceci est dû au principe actif hypéricine qui a donné son nom au genre. Les petites glandes translucides sur les feuilles donnent l'impression d'être perforées de mille trous, d'où son nom « millepertuis » signifiant « mille trous ».

HERBE CONTRE LES DÉPRESSIONS Le millepertuis est connu pour son effet antidépresseur, on le trouve sous

---

CARACTÉRISTIQUES : la feuille paraît comme perforée, les fleurs froissées laissent des traces rouges sur les doigts, tige à 2 côtes saillantes, remplie de moelle | **FORME DE CROISSANCE** : vivace | **HAUTEUR** : 30-60 cm | **FEUILLES** : opposées, simples ponctuées de glandes translucides | **FLORAISON** :  en panicule, juin-août | **FRUIT** : capsule déhiscente

forme de tisanes dans de nombreuses pharmacies et herboristeries. Ce n'est donc peut-être pas une si mauvaise chose qu'il se propage dans les villes. Il existe en effet de nombreuses études qui démontrent une forte présence de maladies psychiques dans les villes, et ce surtout dans les quartiers qui manquent de verdure. Laissez-la donc pousser, et engagez-vous pour davantage de plantes indigènes en ville — ça ne peut que faire du bien à tout le monde. Il faut toutefois préciser que des tisanes de millepertuis n'aident pas contre les dépressions sévères, comme le montrent de nombreuses études.

« *Perforatum* », c'est le nom scientifique du millepertuis – on voit ici pourquoi : les feuilles semblent être perforées.

BEAUCOUP DE POLLEN, PAS DE NECTAR

De nombreuses espèces d'abeilles sont attirées par les grains de pollen orange. Mais le millepertuis n'a pas de nectar à leur proposer. Afin de faire le plein d'énergie pour récolter ce pollen, les abeilles et les mouches doivent aller de temps en temps sur d'autres plantes fleuries.

Stratégies de propagation : les petites graines sont disséminées par le vent, mais aussi par les insectes comme les gendarmes. Le millepertuis se propage par ailleurs de manière végétative grâce à ses rhizomes.

Lorsque l'on froisse les boutons et les fleurs entre ses doigts, un colorant rouge apparaît.

FRAISIER À FLEURS JAUNES

"Fraise" insipide

POTENTILLA INDICA / ROSACÉE

JOLIE "MAUVAISE HERBE" Le fraisier à fleurs jaunes est originaire d'Asie du Sud-Est et a été importé en Europe comme plante d'ornement. Il s'est naturalisé et est considéré aujourd'hui comme une mauvaise herbe. Il attire pourtant tous les regards avec ses fleurs jaunes et ses fruits rouges semblables aux fraises des bois. Les baies sont bel et bien comestibles, mais totalement insipides. Cette plante aime bien les sols humides, c'est pour cela qu'en ville, on la trouve souvent dans les caniveaux ou entre les pavés dont les joints sont assez larges pour stocker de l'eau.

Le fraisier à fleurs jaunes n'est pas seulement fréquent dans les villes, il gagne aussi du terrain dans la nature. Certains craignent que ce couvre-sol tenace au feuillage persistant n'évince même la vraie fraise des bois.

CARACTÉRISTIQUES : fruits d'un rouge vif, ressemblant à la fraise, mais toujours dressés (la fraise des bois est retombante) | **FORME DE CROISSANCE** : vivace | **HAUTEUR** : 10-30 cm, stolons jusqu'à 50 cm | **FEUILLES** : très similaires à celle de la fraise des bois, rosette avec stolons rampants | **FLORAISON** : mai-sept. | **FRUIT** : polyakène (faux-fruit)

POTENTILLE RAMPANTE

Couvre-sol vigoureux

POTENTILLA REPTANS / ROSACÉE

TELLES DE PETITES MAINS Avec leurs 5 lobes, les feuilles ressemblent à des doigts d'une main, on l'appelle aussi main-de-Mars ou encore quintefeuille. Cette espèce n'est pas la bienvenue chez les jardiniers car, à partir de sa racine pivotante pouvant atteindre 45 cm de long, elle s'étend dans les plates-bandes en élançant ses stolons d'une longueur d'environ 1 m et les recouvre densément de fleurs jaunes et de feuilles. Les jeunes pousses sont comestibles, mais sont très âpres — les lapins et les cochons d'Inde apprécient malgré tout beaucoup la potentille rampante. Plus de 20 espèces d'abeilles sauvages recueillent son pollen et ses graines sont disséminées par les fourmis.

En ville, on retrouve ses délicats stolons plutôt au pied des arbres, sur le bord des routes et des trottoirs, plutôt que dans les fissures des pavés.

CARACTÉRISTIQUES : plante rampante avec des feuilles en forme de main au bout de stolons rougeâtres atteignant 1 m de longueur, s'enracine au niveau des nœuds |**FORME DE CROISSANCE** : vivace | **HAUTEUR** : 10-20 cm | **FEUILLES** : alternes, 5 folioles, finement dentées | **FLORAISON** : juin-août |**FRUIT** : akène

BENOÎTE DES VILLES

Petits fruits hérissés attachants

GEUM URBANUM / ROSACÉE

DES RACINES ÉPICÉES au parfum de clou de girofle sont caractéristiques de cette espèce très répandue en ville. Son nom latin « *urbanum* » (= urbain) indique déjà qu'elle aime bien pousser près des habitations. Ses tubercules contiennent du glycoside géine qui, en séchant produit l'huile essentielle eugénol, à l'odeur intense de clou de girofle. Les jeunes feuilles, les pousses ainsi que les fleurs sont comestibles, certains utilisent même les racines comme épice, fraîches ou séchées. Les rhizomes étaient utilisés autrefois aussi en médecine, notamment pour traiter les maladies cutanées, la fièvre et les inflammations, en cas de problèmes d'estomac et digestifs ou comme aphrodisiaque. Les racines

---

CARACTÉRISTIQUES : rosette persistante constituée de feuilles pétiolées, à nombre impair de folioles et velues | **FORME DE CROISSANCE** : vivace | **HAUTEUR** : 30-120 cm | **FEUILLES** : feuilles de la tige à court pétiole et folioles tripartites, alternes | **FLORAISON** : ✿ mai-sept. | **FRUIT** : polyakène (faux-fruit) avec un petit organe (style) crochu

peuvent être ajoutées également au dentifrice et aux bains de bouche, car ils préviennent des inflammations buccales. On utilisait un extrait de ses racines pour affiner le vin, la bière ou les liqueurs à base de plantes.
On croyait même que la poudre de racines pouvait éloigner les sorcières et le diable.

Les infrutescences de la benoîte des villes ressemblent à de petits hérissons. Leurs barbillons leur permettent de s'accrocher au pelage des animaux ou aux vêtements et ainsi de se disséminer.

LUMINEUX ET FRAIS, tel est l'habitat de prédilection de la benoîte des villes, elle aime les forêts ou les buissons à mi-ombre et les sols riches. Mais elle se porte bien aussi en ville, souvent dans les friches et les terrains ruderalisés ombragés.

PETITES FLEURS, PETITS VISITEURS
Les pollinisateurs les plus fréquents de ces petites fleurs jaunes juchées sur leurs tiges frêles sont des mouches, des syrphes et des coléoptères. Rares sont les autres espèces d'insectes qui viennent en butiner les fleurs.
La plante sert en outre de nourriture aux chenilles de plusieurs espèces de papillons.

La benoîte commune est facile à reconnaître surtout après la floraison : les infrutescences globuleuses dressées les rendent impossible à confondre.

BOULES AVEC BARBILLON Les fruits à maturité forment de petites têtes globuleuses avec des barbillons orientés vers l'extérieur et qui ressemblent à de petits hérissons. Grâce à ce crochet, ils s'accrochent aux animaux de passage ou à nos vêtements, ce qui leur permet de se disséminer.

POURPIER

Délicieux couvre-sol

PORTULACA OLERACEA / PORTULACACÉE

"MAUVAISE HERBE" SAVOUREUSE Probablement originaire d'Europe du Sud et du Sud-Est, le pourpier est utilisé depuis des millénaires à des fins alimentaires. Les jeunes feuilles ont un léger goût salé-acidulé de noisette, les feuilles plus âgées deviennent amères, surtout après la floraison. Les boutons floraux peuvent être récoltés et préparés comme des câpres. La plante contient de nombreuses vitamines (principalement de la vitamine C), des minéraux, des oligo-éléments ainsi que des oméga-3. Il ne faut pas confondre le pourpier potager avec celui qu'on appelle pourpier d'hiver qui n'est pas de la même famille et qui est, lui, originaire d'Amérique du Nord.

EN MÉDECINE TRADITIONNELLE POPULAIRE, la tisane à base de pourpier est utilisée en cas de faiblesse de la vessie et d'affections rénales. La plante est recommandée pour purifier le sang et comme anti-inflammatoire. Ses acides gras polyinsaturés protègent les vaisseaux et favorisent la production de sérotonine dans le cerveau, c'est pourquoi le Pourpier est également considéré comme un antidépresseur naturel.

AVEC PROTECTION SOLAIRE Le pourpier pousse très bien non seulement dans le

---

CARACTÉRISTIQUES : plante en général couchée avec un port ramifié, disposé en rosette, souvent rougeâtre | **FORME DE CROISSANCE** : annuelle | **HAUTEUR** : 10-30 cm | **FEUILLES** : vert clair à rougeâtres, charnues, 1 à 3 cm de long, jusqu'à 1,5 cm de large, spatulées ou ovales | **FLORAISON** : juin-sept. | **FRUIT** : capsule

Une plante peut développer jusqu'à 193 000 graines minuscules qui sont dispersées par de petites capsules en forme de gobelet – au moins une d'entre elles trouvera certainement un nouvel emplacement pour germer.

Les petites fleurs ne fleurissent que durant une matinée.

potager, mais aussi le long des chemins et des trottoirs où il s'enracine dans les joints, se ramifie en rosettes et se propage de manière étalée. Dans des expositions très ensoleillées, il se protège des rayons du soleil trop intenses par une coloration rougeâtre de ses feuilles et de ses tiges.

SE REPRODUIT RAPIDEMENT Les petites fleurs jaunes fleurissent uniquement le matin et sont, en général, capables de s'autopolliniser. Elles ne sont que rarement butinées par les mouches et les fourmis. En agriculture, le pourpier est considéré comme une mauvaise herbe, car il se multiplie très rapidement : par temps chaud, il ne faut que 4 à 6 semaines de la germination à la maturation des graines suivantes. Celles-ci sont par ailleurs très endurantes (50 % germent encore 14 ans après), elles peuvent flotter et résistent à l'eau de mer salée — c'est ainsi que le pourpier a pu se propager dans le monde entier.

PARTICULARITÉ BOTANIQUE
Les Portulacacées sont les seules espèces végétales capables d'alterner entre deux formes de photosynthèse selon les conditions environnementales (à savoir la photosynthèse de type C4 et de type CAM). Le métabolisme CAM permet aux plantes d'économiser l'eau, en particulier dans les habitats secs où l'ensoleillement est important et les températures élevées.

RENONCULE RAMPANTE

Stolons feuillus de plusieurs mètres de longueur

RANUNCULUS REPENS / RANUNCULACÉE

BOUTON D'OR DES VILLES ET DES CAMPAGNES FAIBLEMENT TOXIQUE
La renoncule rampante contient moins de protoanémonines que les autres renoncules et n'est donc considérée que peu toxique. La pénétration dans les sols compactés est sa spécialité et on la trouve ainsi partout où le sol a subi ce genre de dégradation. L'abeille sauvage Chelostoma est dépendante du genre des Ranunculacées ; elle niche souvent dans les hôtels à insectes auprès desquels la renoncule est présente.

CARACTÉRISTIQUES : les pétales sont nectarifères à la base (= nectaires) | **FORME DE CROISSANCE** : vivace | **HAUTEUR** : 15-40 cm | **FEUILLES** : alternes, divisées en 3 folioles, celle du milieu avec pétiole | **FLORAISON** : pédoncules sillonnés, mai-août | **FRUIT** : nucules

Cette espèce pousse en groupes et rarement en spécimen isolé, parce qu'elle forme de jeunes plantes en grandes quantités sur des stolons aériens de plusieurs mètres de long et qu'elle produit de nombreuses graines.

OXALIS CORNICULÉ

Adorateur acidulé du soleil

OXALIS CORNICULATA / OXALIDACÉE

INTRODUITE AU XIXE SIÈCLE depuis la zone méditerranéenne en Europe, cette jolie petite plante aime la chaleur, mais ne supporte pas le gel et hiverne sous forme de graines. Elle tolère très bien la sécheresse et protège ses feuilles de la lumière intense grâce à une coloration rougeâtre. Les fleurs ne s'ouvrent qu'à la lumière directe du soleil. Si l'oxalis corniculé s'est installé dans vos pots de fleurs sur votre balcon (les fourmis transportent les graines), réjouissez-vous : les folioles ont un goût acidulé très rafraîchissant, par exemple dans les salades.

CARACTÉRISTIQUES : stolons rampants formant des coussinets à la teinte pourpre typique | **FORME DE CROISSANCE** : annuelle ou pluriannuelle | **HAUTEUR** : 10-50 cm | **FEUILLES** : alternes, pétiolées, composées de trois folioles en forme de cœur | **FLORAISON** : juin-sept. | **FRUIT** : capsule

Les graines sont expulsées des fruits dressés (même en les touchant – faites l'essai !) et catapultées à plus d'1 m de distance, ce qui leur permet d'atteindre le moindre recoin de nos villes.

TOMATE

Évadée des sandwichs ?

SOLANUM LYCOPERSICUM / SOLANACÉE

FLEURS VIBRANTES Nous avons été surpris au début en trouvant les premières pousses de tomates au cours d'une de nos excursions à la recherche de la flore des pavés au centre-ville de Fribourg. Notre hypothèse : des restes de nourriture jetés du restaurant de kebab tout proche. La tomate germe facilement, mais elle n'atteint pas la floraison dans les lieux souvent piétinés. Mais lorsqu'elle y parvient, les fleurs de tomates sont pollinisées par le vent, ou bien par les bourdons grâce à leur battement d'ailes rapides qui font ce qu'on appelle une pollinisation vibratile. Les tomates sont originaires d'Amérique et on suppose qu'elles sont arrivées en Europe avec Christophe Colomb.

Les tomates peuvent se multiplier par boutures. Les tomates sauvages se sont développées dans les centres-villes à partir de graines jetées à la poubelle.

CARACTÉRISTIQUES : poils munis de glandes et odeur de tomate sur l'ensemble de la plante | **FORME DE CROISSANCE** : annuelle ou bisannuelle | **HAUTEUR** : 20-200 cm | **FEUILLES** : alternes, à nombre impair de folioles | **FLORAISON** : pétales jaunes soudés, étamines soudées en un tube, mai-août | **FRUIT** : du point de vue botanique, les tomates sont des baies

PISSENLIT

La plante universelle

TARAXACUM OFFICINALE / ASTÉRACÉE

POUSSE TOUT SIMPLEMENT PARTOUT ! Le pissenlit aime les sols profonds et riches, mais on retrouve aussi ses petites rosettes de feuilles dans les joints asséchés des pavés. On peut le récolter à peu près partout et s'en servir pour nourrir les lapins. Comme il produit beaucoup de pollen, le pissenlit est très apprécié des abeilles sauvages et des abeilles domestiques mellifères. Mais son pollen ne contenant pas tous les acides aminés essentiels, elles ne peuvent pas se nourrir uniquement grâce à lui. Le nom de pissenlit est dérivé de ses propriétés diurétiques et on le retrouve aussi volontiers dans les recoins où les chiens (et pas seulement) viennent uriner.

CARACTÉRISTIQUES : tige creuse avec latex dépourvue de feuilles | **FORME DE CROISSANCE** : annuelle | **HAUTEUR** : 10-30 cm | **FEUILLES** : découpées de manière symétrique en lobes aigus dans une rosette basale | **FLORAISON** : fleurs jaunes ligulées, avr.-juil. | **FRUIT** : akène avec aigrettes

Le pissenlit est l'espèce la plus célèbre dispersant ses graines par le vent. Le calice de chaque fleur dans le capitule floral devient un petit parachute. Qui n'a jamais aimé souffler sur les têtes ébouriffées de pissenlit ?

LAITUE SAUVAGE

Indique les points cardinaux

LACTUCA SERRIOLA / ASTÉRACÉE

FONCTION BOUSSOLE Les feuilles raides sont orientées en général selon un axe nord-sud — c'est cette particularité qui lui a valu le surnom de « plante boussole ». Elle vous aidera à trouver les points cardinaux quand vous serez à la recherche de flore des pavés.
Le limbe, c'est-à-dire la partie la plus large de la feuille, et le côté étroit étant orientés selon un axe nord-sud. Cela a pour fonction de protéger le limbe des rayons du soleil trop intenses. L'orientation des feuilles change toutefois selon l'incidence et l'intensité du soleil. Les mouvements par lesquels les plantes réagissent aux rayons du soleil s'appellent le « phototropisme ». On l'observe également chez le tournesol.

CARACTÉRISTIQUES : nervure dorsale des feuilles épineuse ; position verticale des feuilles ; latex | **FORME DE CROISSANCE** : annuelle ou bisannuelle | **HAUTEUR** : 60-230 cm | **FEUILLES** : alternes, découpées en lobes aigus ou lobées, épineuses | **FLORAISON** : 15-25 fleurs jaunes ligulées, juil.- sept. | **FRUIT** : akènes avec aigrettes pétiolées

LAITUE SCARIOLE ET LAITUE SERRIOLE sont les deux autres noms les plus courants de cette plante. Les feuilles sont épineuses et la plante pousse le long des murs et des clôtures. Elle se propage également sur les bords des chemins ou des voies ferrées. Regardez par la fenêtre quand le train s'arrête inopinément. Il y a une très forte probabilité que vous puissiez voir la laitue sauvage en été avec ses teintes vert foncé et ses petites fleurs jaunes.

La Laitue sauvage aime pousser le long des clôtures et des chemins.

Les aigrettes (pappus) des graines sont pétiolées chez la Laitue sauvage. Les graines étant très légères, leur dispersion par le vent est très efficace.

LA NOCTUELLE DYSODÉE et autres chenilles de papillons de nuit viennent croquer volontiers cette plante juteuse au latex blanc (c'est ce latex qui lui a valu le nom générique de *Lactuca*). Une astuce, si jamais vous tombez sur une chenille sur une plante : vous pouvez identifier les animaux et les plantes à l'aide de l'appli iNaturalist, des experts vérifieront alors l'identification des photos. Ça fonctionne assez bien pour les chenilles.

PLANTE AMÈRE La laitue sauvage comestible contient beaucoup de substances amères, surtout après la floraison. C'est pour cette raison qu'elle n'est pas très appréciée en salade. Les substances amères étant bonnes pour la santé, elle a cependant trouvé sa place dans des recettes de smoothies, avec d'autres fruits et légumes. Ses feuilles renferment également quelques vitamines ainsi que du fer.

CRÉPIDE CAPILLAIRE

Mini-parachutes

CREPIS CAPILLARIS / ASTÉRACÉE

FLEURS JAUNES LE LONG DES CHEMINS
Cette plante pousse non seulement souvent dans les pâturages et les prairies maigres, mais également dans les lieux herbeux, les friches et les gravats. Elle orne souvent les bords des chemins et des murs de ses fleurs jaunes décoratives. Les abeilles sauvages du genre *Panurgus* raffolent de ses petits capitules floraux jaunes qui ne sont constitués que de fleurs ligulées. L'autopollinisation est fréquente, du moins dans les essais réalisés dans mon jardin. La crépide capillaire peut être utilisée en salade comme le pissenlit.

Les aigrettes s'envolent très loin avec le vent, mais peuvent aussi s'accrocher au pelage des animaux. Tous les animaux qui aiment manger du pissenlit apprécient aussi la crépide capillaire.

CARACTÉRISTIQUES : feuilles similaires à celles du pissenlit avec plusieurs capitules ; latex | **FORME DE CROISSANCE** pluriannuelle | **HAUTEUR** : 10-100 cm | **FEUILLES** : la plupart des feuilles sont basales, découpées de manière symétrique, celles de la tige sont en forme de flèche | **FLORAISON** : ✿ uniquement des fleurs ligulées, mai-oct. | **FRUIT** : akènes avec aigrettes comme le pissenlit

SÉNEÇON JACOBÉE

Toxique pour nous, pas pour la Goutte-de-sang

JACOBAEA VULGARIS / ASTÉRACÉE

EN RAISON DE SA TENEUR EN ALCALOÏDE, toutes les parties du séneçon jacobée sont toxiques — pour l'homme ainsi que pour de nombreux animaux.

Mais pas pour les chenilles zébrées noir et jaune de la Goutte-de-sang (un papillon de nuit également actif le jour) : elles se nourrissent de la plante, assimilent les alcaloïdes et ne sont donc plus comestibles pour leurs prédateurs. Les alcaloïdes se retrouvent également dans le miel lorsque les abeilles domestiques mellifères récoltent le nectar du séneçon jacobée. Les apiculteurs urbains ne sont donc pas très enthousiastes face à la prolifération de cette espèce.

Les organisations de protection de la nature ont déclaré la guerre à cette plante toxique.
Des volontaires (dont beaucoup de propriétaires de chevaux) arrachent les plantes avant qu'elles ne fleurissent.

CARACTÉRISTIQUES : de nombreux capitules floraux avec de longues fleurs ligulées et tubulaires | **FORME DE CROISSANCE** : bisannuelle | **HAUTEUR** : 30-100 cm | **FEUILLES** : alternes, découpées en lobes aigus, glabres, parfois aranéeuses | **FLORAISON** : fleurs tubulaires jaunes et longues fleurs ligulées, juil.-sept. | **FRUIT** : akènes avec aigrettes

SÉNEÇON DU CAP

Néophyte toxique

SENECIO INAEQUIDENS / ASTÉRACÉE

VIEILLARD VOLONTARISTE C'est probablement les couronnes de poils blanchâtres des fruits rappelant les cheveux d'un vieillard qui lui ont valu le nom du genre *Senecio*, « vieillard » en latin. On retrouve cette plante depuis le XIXe siècle dans les villes portuaires d'Europe, les graines ayant été importées dans les ballots de laine d'Afrique du Sud. C'est seulement à partir des années 1970 qu'elle a commencé à vraiment se propager en Europe, le long des autoroutes et des voies ferrées. Les graines légères sont disséminées par les courants d'air créés par les véhicules qui se déplacent à proximité.

Aussi jolie soit-elle avec ses fleurs d'un jaune éclatant, cette plante n'est pas vraiment la bienvenue. Elle est toxique, forme souvent de grandes populations et évince par endroits les espèces indigènes.

CARACTÉRISTIQUES : plante très ramifiée formant de larges populations bien visibles dans des sols chauds et secs | **FORME DE CROISSANCE** : vivace | **HAUTEUR** : 20-60 cm | **FEUILLES** : linéaires à oblongues étroites, embrassantes à la base, seulement 1 à 5 mm de large, env. 6 cm de long, finement dentées | **FLORAISON** : août-oct. | **FRUIT** : akène

SÉNEÇON COMMUN

Mucus de transport et bonne dispersion par le vent

SENECIO VULGARIS / ASTÉRACÉE

PROPAGATION FULGURANTE dans les zones résidentielles et floraisons épisodiques aussi en hiver dans les régions au climat plus doux. Le séneçon commun est assez apprécié des syrphes, mais il peut également s'autopolliniser, si nécessaire. La plante est toxique car elle contient des alcaloïdes pyrrolizidiniques. Cette espèce de séneçon est une plante spontanée fréquente dans les champs labourés d'Europe et des États-Unis. Elle est combattue par des herbicides depuis de nombreuses années et a déjà développé des résistances à certains produits chimiques.

CARACTÉRISTIQUES : capitules avec fleurs tubulaires inclinées, enveloppes florales à l'extrémité noire | **FORME DE CROISSANCE** : annuelle | **HAUTEUR** : 10-30 cm | **FEUILLES** : alternes, découpées en lobes aigus à irréguliers | **FLORAISON** : fleurs tubulaires jaunâtres, pas de fleurs ligulées, fév.-nov. | **FRUIT** : akènes avec aigrettes comme le pissenlit

Tout comme les fleurs de pissenlit, les graines sont pourvues d'une houppe et sont propagées par le vent. Les fruits forment un mucus qui leur permet de s'accrocher aux chaussures et aux pneus.

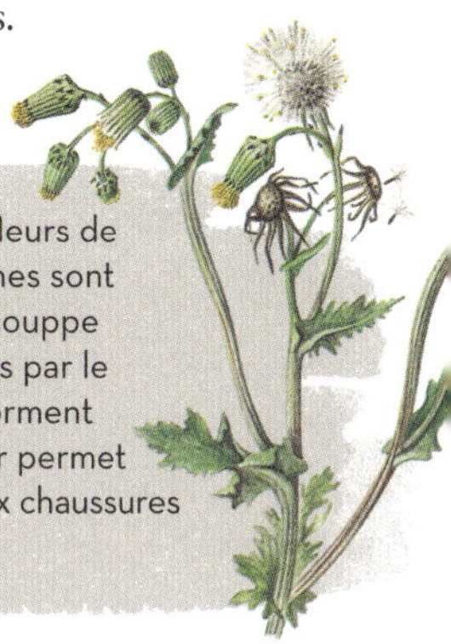

SOLIDAGE DU CANADA

Néophyte attrayant pour les hommes et les insectes

SOLIDAGO CANADENSIS / ASTÉRACÉE

INTRODUITE DÈS 1648 DAMÉRIQUE DU NORD au jardin botanique de Paris, ce n'est pourtant qu'au XIXe siècle que le solidage du Canada s'est vraiment propagé et est devenu invasif. Cultivé comme plante d'ornement et mellifère, il est toujours vendu dans les jardineries. Aujourd'hui combattu dans le cadre d'activités de protection de la nature, il représente une menace évidente pour la flore indigène, comme le démontrent diverses études.

TRÈS APPRÉCIÉ des abeilles sauvages et domestiques mellifères, le solidage du Canada fait partie, avec le lierre, des plantes les plus butinées en fin d'été dans les zones urbaines. Il n'a toutefois pas encore été déterminé si le fait de disposer d'une grande offre en fleurs à l'automne était réellement bénéfique pour les abeilles. En fin d'été et à l'automne, les écosystèmes naturels comptent peu de fleurs, et les espèces d'abeilles indigènes y sont adaptées. Dans les villes, les plantes non indigènes fleurissent en revanche

CARACTÉRISTIQUES : panicule pyramidale avec de nombreux petits capitules floraux jaunes | **FORME DE CROISSANCE** : vivace | **HAUTEUR** : 50-250 cm | **FEUILLES** : alternes, lancéolées, denticulées à l'avant | **FLORAISON** : minuscules fleurs tubulaires et ligulées, août-sept. | **FRUIT** : akènes

De nombreuses graines dispersées par le vent et des drageons permettent au solidage du Canada de se propager rapidement presque partout. Cependant vous ne le trouverez pas avec la végétation présente dans les fissures, mais plutôt sur les chantiers, dans les gravats ou le long des voies ferrées.

Les tontes répétées permettent de le contenir, mais dès que l'on cesse de tondre, il domine à nouveau.
Pour que son élimination soit efficace, il faut supprimer ses rhizomes. Il faut également veiller à ne pas le laisser s'installer dans l'écosystème naturel.

jusqu'en fin d'automne. Grâce à ce bon apport en nourriture, les populations d'abeilles restent fortes longtemps, jusqu'à ce qu'elles soient soudain surprises par le gel sans avoir constitué assez de réserves pour l'hiver.

EXTRACTION DE SUBSTANCES COLORANTES Autrefois, on en extrayait une teinture jaune. Cette couleur jaune est surtout due aux flavonoïdes quercétine et astragaline.

LUTTE Il n'est pas nécessaire de lutter contre le solidage du Canada le long des voies en ville. Nous le trouvons ici plutôt dans de vastes lieux incultes ou des gravats. Mais de plus larges populations privent d'autres espèces de leur habitat. Malheureusement, il n'est pas si facile d'arracher cette plante.

Dans de vastes lieux incultes ou des gravats, le solidage du Canada part à la conquête de nouveaux habitats.

MATRICAIRE FAUSSE-CAMOMILLE

Graines visqueuses pour le transport longue distance

MATRICARIA DISCOIDEA / ASTÉRACÉE

COLPORTÉE D'AMÉRIQUE DU NORD ET D'ASIE, nous retrouvons souvent cette matricaire aujourd'hui dans les villes et les villages.

CARACTÉRISTIQUES : capitules dépourvus de fleurs ligulées, parfum aromatique | **FORME DE CROISSANCE** : annuelle | **HAUTEUR** : 5-30 cm | **FEUILLES** : alternes, découpées en lobes aigus, glabre | **FLORAISON** : fleurs tubulaires jaunâtres, absence de fleurs ligulées, juin-août | **FRUIT** : akènes sans aigrettes

Étant la seule matricaire sans fleurs ligulées, elle était considérée comme singulière avant sa propagation massive dans le monde entier. La matricaire fausse-camomille sent bon mais pas autant que la camomille sauvage, et l'huile essentielle dont elle est extraite a une composition différente (elle sent l'ananas quand on froisse ses fleurs). Elle est donc de moindre importance en naturopathie par rapport à la camomille sauvage.

Les graines gonflent et produisent un mucus qui leur permet de se coller les unes aux autres. Elles s'accrochent aux pneus des vélos et aux chaussures. Elles peuvent parcourir de longues distances en adhérant aux pneus des voitures.

LAITUE DES MURAILLES

Orne les murs même à l'ombre

MYCELIS MURALIS / ASTÉRACÉE

LE VENT ET L'EAU permettent à la Laitue des murailles de se propager. Cette laitue jaune qui n'a que peu de fleurs ligulées pousse principalement le long de murs à l'ombre et à mi-ombre. Tout comme les autres laitues, la laitue des murailles contient du latex. Les syrphes et les abeilles sauvages comme les Panurgus aiment la butiner, l'autopollinisation fonctionne aussi très bien et la plante n'est ainsi pas tributaire d'insectes pollinisateurs.

CARACTÉRISTIQUES : panicule florale ample avec seulement 5 fleurs ligulées par capitule | **FORME DE CROISSANCE** : vivace | **HAUTEUR** : 60-80 cm | **FEUILLES** : alternes, glabres, en forme de lyre ou pennée avec un lobe final nettement plus grand que les lobes latéraux, face inférieure gris-vert | **FLORAISON** : 5 fleurs ligulées par capitule, juil.-août | **FRUIT** : akène avec aigrettes

Les cinq aigrettes avec leurs graines brun foncé forment de superbes couronnes. Elles sont disséminées non seulement par le vent, mais aussi par la pluie qui ruisselle le long des murs.

LAITERON MARAÎCHER

Plante médicinale et potagère médiévale

SONCHUS OLERACEUS / ASTÉRACÉE

PRÉSENT DÈS LE MOYEN-ÂGE, le laiteron maraîcher ou laiteron potager est originaire du Bassin méditerranéen. On le trouve aujourd'hui sous les latitudes tempérées du monde entier. Cette plante potagère est toujours très appréciée en camping sauvage : il suffit de cueillir les feuilles et de les faire cuire à l'étouffée. Elles contiennent beaucoup de vitamine C, mais aussi des minéraux et du fer. On peut faire sécher les tubercules pour en faire de la farine afin d'épaissir les plats. Tout comme le pissenlit, les lapins, les lièvres et les oies apprécient beaucoup les feuilles, les tiges creuses et les fleurs.

PLANTE MÉDICINALE ANCIENNE En raison du composant taraxasterol, le laiteron maraîcher était déjà utilisé comme plante médicinale au Moyen-Âge.

CARACTÉRISTIQUES : feuilles dentées, à l'aspect épineux, embrassantes, souvent avec un bord rougeâtre | **FORME DE CROISSANCE** : annuelle | **HAUTEUR** : 30-100 cm | **FEUILLES** : alternes et embrassantes, glabres dentées mais pas épineuses ; oreillettes en pointe à la base de la feuille | **FLORAISON** : nombreuses fleurs ligulées, absence de fleurs tubulaires, juin-oct. | **FRUIT** : akène avec aigrettes, beaucoup plus denses que le pissenlit

Cette substance active à forte concentration présente dans le latex a un effet anti-inflammatoire. Elle permet ainsi de traiter les maladies cutanées comme l'acné. Au Moyen-Âge, le laiteron maraîcher était utilisé de diverses façons en applications internes et externes. Aujourd'hui, cette substance naturelle n'est plus utilisée que rarement.

FERME À MIDI À l'instar de nombreuses Astéracées composées uniquement de fleurs ligulées, les capitules floraux se referment à midi. En ville, on observe moins d'abeilles sauvages et de mouches sur ses fleurs que sur celles du pissenlit. Mais la plante semble profiter de la pollinisation. Lors de l'exclusion de pollinisateurs (procédé au cours duquel on place un sachet sur les fleurs pour les rendre inaccessibles), elles forment moins de graines.

Les aigrettes du laiteron maraîcher lui garantissent une bonne dissémination par le vent. Une propagation par les insectes et les oiseaux a également été observée, ce qui tient vraisemblablement à ses graines oléagineuses très nourrissantes.

Le laiteron maraîcher trouve toujours suffisamment de place dans de minuscules interstices.

TUSSILAGE, PAS-D'ÂNE

Fait disparaître la toux par tous les temps

TUSSILAGO FARFARA / ASTÉRACÉE

D'ABORD LES FLEURS, ENSUITE LES FEUILLES Les fleurs de tussilage apparaissent en premier, tôt au printemps, bien avant que les feuilles ne commencent à pousser. Celles-ci en forme de sabot d'âne lui a valu son autre nom de Pas-d'âne.

PAS-D'ÂNE OU PÉTASITE C'est une question que beaucoup se posent quand seules les feuilles sont visibles car elles se ressemblent beaucoup. Mais les pétasites se trouvent principalement en montagne et très rarement en ville, et préfèrent les habitats humides et ombragés. En regardant plus attentivement, il est cependant facile de distinguer les deux espèces par leurs feuilles : seul le pas-d'âne possède des petites pointes noirâtres tout autour de la feuille, contrairement à la pétasite.

CARACTÉRISTIQUES : absence de feuilles vertes pendant la floraison ; inflorescences solitaires sur des tiges cotonneuses | **FORME DE CROISSANCE** : vivace | **HAUTEUR** : 7-30 cm | **FEUILLES** : feuilles basales en forme de cœur, arrondies avec une partie inférieure duveteuse et de petites pointes noirâtres | **FLORAISON** : fleurs ligulées jaunes très étroites, peu de fleurs tubulaires, mars-avr. | **FRUIT** : akène avec aigrettes

À partir du moment où on les voit fleurir, il est impossible de les confondre.

CAPITULES FLORAUX PARTICULIERS On trouve des fleurs mâles et femelles au sein d'un même capitule floral : les nombreuses fleurs extérieures très étroites sont femelles, elles n'ont donc que des carpelles, c'est-à-dire des éléments de la fleur portant les ovules et pas d'étamines. Les fleurs centrales, tubulaires, moins nombreuses en comparaison, sont en revanche toutes mâles et possèdent uniquement des étamines.

STOLONS DE PLUSIEURS MÈTRES DE LONGUEUR Le tussilage n'est pas seulement très efficace dans la dispersion de ses graines par le vent, il est aussi capable de conquérir de nouveaux espaces de vie par voie végétative. Il peut développer de longs stolons qui partent de ses propres racines, contournent les pierres et les racines des arbres jusqu'à atteindre un habitat favorable où pousser.

FINIE LA TOUX Son nom latin *Tussilago* laisse deviner que ses principes actifs peuvent aider à traiter la toux (= *tussis*). Mais comme le pas-d'âne contient également des alcaloïdes toxiques, il n'est pas recommandé d'utiliser la plante sauvage comme remède naturel. Des variétés spéciales, exemptes d'alcaloïdes, sont utilisées à des fins thérapeutiques.

Les tiges fanées (celles avec des aigrettes à soies blanches au bout) sont plus longues que les tiges fleuries et inclinées. C'est un avantage pour la dissémination des graines par circulation d'air.

Pas-d'âne (en haut) et pétasites (en bas) ont des feuilles très similaires, mais seul le pas-d'âne possède de petites pointes noirâtres en bordure de feuilles.

ARMOISE COMMUNE

L'herbe à rhume des foins

ARTEMISIA VULGARIS / ASTÉRACÉE

PLANTE SPONTANÉE DOMINANTE DANS LES PLANTES SARCLÉES L'armoise est en fait facile à arracher avec ses racines. Tout comme l'ambroisie (v. p. 111), ses grains de pollen disséminés par le vent peuvent déclencher le rhume des foins. Mais regardez bien sur les feuilles : on peut parfois y trouver une chenille à rayures vert et blanc. C'est celle d'un papillon de nuit rare, la Noctuelle de l'armoise.

CARACTÉRISTIQUES : feuilles vertes sur la face supérieure et couvertes de poils mous sur la face inférieure, léger parfum aromatique en froissant les feuilles | **FORME DE CROISSANCE** : vivace | **HAUTEUR** : 60-250 cm | **FEUILLES** : alternes, découpées en lobes aigus | **FLORAISON** : juil.-nov. | **FRUIT** : akène, fruit indéhiscent contenant une graine

Une seule plante produit des milliers de graines minuscules. La propagation est assurée par le vent, la pluie, les hommes et aussi par les oiseaux malgré la petite taille des graines.

LUZERNE LUPULINE

Explose quand on la butine

MEDICAGO LUPULINA / LÉGUMINEUSE

POUSSE PARTOUT, MAIS PASSE SOUVENT INAPERÇUE, voici la description parfaite pour cette petite luzerne jaune dont les fleurs rappellent celles du houblon. Elle est une pionnière des bordures de chemins et des prairies sèches dans les régions calcaires et argileuses. C'est grâce à ses feuilles qu'on peut la distinguer des autres espèces de trèfles à fleurs jaunes : si la nervure principale se transforme en pointe à l'avant de la feuille, il s'agit de la luzerne lupuline. Astuce de pollinisation vraiment épatante : lorsqu'une abeille domestique mellifère, une abeille sauvage ou une mouche se pose sur une fleur, les étamines jaillissent pour déposer une explosion de pollen sur les insectes.

Les graines sont disséminées par la pluie et en ville, elles restent accrochées aux semelles des chaussures. Des racines peuvent se développer à partir des bourgeons, ce qui permet une multiplication végétative.

CARACTÉRISTIQUES : foliole avec pointe ; le fruit ressemble à un escargot | **FORME DE CROISSANCE** : annuelle ou bisannuelle | **HAUTEUR** : 15-60 cm | **FEUILLES** : alternes avec 3 folioles ; la centrale avec un pétiole plus long | **FLORAISON**: mai-oct. | **FRUIT** : gousse avec nucules à une seule graine

PENSÉE SAUVAGE

Touche de couleur à la floraison indéfectible

VIOLA TRICOLOR / VIOLACÉE

PENSÉES COLORÉES Dans la mythologie grecque, la pensée sauvage est associée à Io, prêtresse au temple d'Héra. Elle était la maîtresse de Zeus qui la transforma un jour en génisse pour échapper à la colère de son épouse Héra. C'est alors qu'Io vit pousser de petites fleurs qui tournèrent leurs têtes tricolores vers elle et elle reconnut en elles les pensées de ses amis venus la consoler. Les fleurs sont butinées par des insectes et elle sert de nourriture aux chenilles de sept espèces de papillons.

On ne la trouve de nos jours plus que rarement dans les champs cultivés ; elle pousse en revanche souvent dans les zones engazonnées, les friches et les talus de l'espace urbain. Elle apprécie les sols sablonneux et pauvres où elle peut s'enraciner jusqu'à 45 cm de profondeur.

CARACTÉRISTIQUES : fleurs graciles avec des pétales violets, blancs et jaunes et des veines sombres | **FORME DE CROISSANCE** : vivace annuelle, rarement pluriannuelle | **HAUTEUR** : 5-15 cm | **FEUILLES** : feuilles inférieures en forme de cœur, arrondies et crénelées, sur des tiges dressées, généralement ramifiées | **FLORAISON** : avr.-sept. | **FRUIT** : capsule

LINAIRE COMMUNE

Tour de force pour les pollinisateurs

LINARIA VULGARIS / PLANTAGINACÉE

POINT DE MIRE JAUNE PÂLE La linaire commune, appelée aussi chasse-venin, n'est pas de la famille du lin aux fleurs bleues, même si leurs feuilles se ressemblent. La fleur possède ce qu'on appelle un « palais ». La lèvre inférieure recouvre la lèvre supérieure et referme la fleur. Les insectes doivent appuyer avec beaucoup de force sur la fleur pour atteindre le nectar. Les bourdons terrestres quant à eux s'épargnent ce genre d'effort et préfèrent croquer l'éperon de l'extérieur — vol de nectar sans contrepartie.

CARACTÉRISTIQUES : fleurs jaune pâle avec un long éperon dont le tube en entonnoir est refermé par un palais jaune orangé | **FORME DE CROISSANCE** : vivace | **HAUTEUR** : 20-75 cm | **FEUILLES** : non pétiolées, 2 à 5 cm de long, 1 à 1,5 mm de large, linéaire-lancéolée | **FLORAISON** : inflorescences en grappes, juin-oct. | **FRUIT** : capsule avec des graines de 2 à 3 mm de long

La linaire commune plonge ses racines jusqu'à un mètre de profondeur. Elle pousse dans des sols chauds, comme les talus caillouteux, dans les gravats, les chemins secs et a également suivi les hommes dans les villes.

COQUELICOT

Point de mire rouge vif

PAPAVER RHOEAS / PAPAVÉRACÉE

TOUT LE MONDE LE CONNAÎT ! Plante spontanée typique des champs cultivés, le coquelicot accompagne l'homme depuis le Néolithique. Il s'accommode bien des sols secs et caillouteux, apprécie la chaleur et illumine toujours nos villes. Ses fleurs n'ont pas de nectar, mais produisent de très grandes quantités de pollen. Chacune de ses jolies capsules disperse jusqu'à 5 000 graines minuscules et il existe même un brevet pour une salière fabriquée sur le modèle de la capsule du coquelicot — probablement le premier exemple de bio-mimétisme au monde.

CARACTÉRISTIQUES : fleurs délicates, d'aspect froissé sur des tiges longues, fines et poilues, avec un latex blanc | **FORME DE CROISSANCE** : annuelle | **HAUTEUR** : 30-90 cm | **FEUILLES** : munies de soies raides, env. 15 cm de long, lancéolées, pennées une à deux fois, avec un bord incisé-denticulé | **FLORAISON** : mai-juil. | **FRUIT** : capsule

Bien qu'ayant l'air très fragile, le coquelicot est une plante robuste avec un système racinaire profond : ses racines pouvant mesurer jusqu'à près d'1 m de long. Il pousse en ville principalement sur les gravats, le long des chemins ou des voies ferrées. Il ne tolère pas du tout les piétinements.

ÉPILOBE À PETITES FLEURS

De nombreuses petites graines à aigrette

EPILOBIUM PARVIFLORUM / ONAGRACÉE

DES CANARIES JUSQU'EN CHINE On retrouve cette plante gracieuse dans toutes les zones tempérées du monde. Elle aime les sols humides et riches et ne peut donc pas pousser partout en ville. Mais vous la rencontrerez dans des recoins à mi-ombre. Les parties aériennes de la plante sont rougeâtres et fanent en automne. Au printemps suivant, les racines émettent de nouvelles pousses. Un extrait de la plante a un effet antibactérien et anti-inflammatoire, les feuilles et les fleurs sont comestibles.

CARACTÉRISTIQUES : les minces capsules s'ouvrent dans le sens de la longueur et dispersent des graines duveteuses | **FORME DE CROISSANCE** : vivace | **HAUTEUR** : 30-80 cm | **FEUILLES** : alternes, sessiles, rarement pétiolées plus de 3 mm, peu dentées, velues ; elliptiques étroites à lancéolées, max. 12 cm de long et 3 cm de large | **FLORAISON** : juin-sept. | **FRUIT** : capsule

Cette espèce se confond très facilement avec l'épilobe des montagnes qui pousse également en ville. Les feuilles de cette dernière sont toutefois pétiolées et glabres.

PETITE MAUVE

Indicatrice de sols riches en azote

MALVA NEGLECTA / MALVACÉE

DES FRUITS COMME DE PETITS FROMAGES Disposés en cercle, ses petits fruits (qui ont d'ailleurs un agréable goût de noisette) ressemblent à de petites meules de fromage, ce qui lui a donné en Allemagne le petit nom de fromageon. Avec les feuilles, on préparait autrefois une bouillie fortifiante. Originaire d'Europe et d'Asie occidentale, la petite mauve est aujourd'hui très répandue. C'est une plante médicinale très ancienne, traditionnellement utilisée par exemple contre les inflammations de la gorge et comme antitussif, elle contient de la vitamine C, des saponines, des tanins et des mucilages.

À la campagne, la plante pousse volontiers dans des sols riches en azote comme les étables et les tas de fumier. Il y a aussi des endroits en ville où les déjections animales apportent beaucoup d'azote au sol.

CARACTÉRISTIQUES : fleurs rose pâle ou presque blanches, croissance vigoureuse, couchée | **FORME DE CROISSANCE** : annuelle ou bisannuelle | **HAUTEUR** : 15-50 cm | **FEUILLES** : alternes ; pétiole jusqu'à 10 cm de long, feuilles 2 à 6 cm de long, arrondies ou en forme de rein, 5 à 7 lobes, avec un bord denté | **FLORAISON** : juin-oct. | **FRUIT** : akènes, chacun contenant une graine

SPERGULAIRE ROUGE

Délicate beauté

SPERGULARIA RUBRA / ARYOPHYLLACÉE

MOINS D'UNE JOURNÉE Ses petites étoiles roses délicates ne fleurissent que très peu de temps, et ce seulement par beau temps, puis se referment déjà l'après-midi. Elles peuvent s'autopolliniser et ne sont pas tributaires des mouches qui la butinent également. Cette plante gracile apprécie les sols riches, ouverts et tolère les sols compactés, les piétinements et le sel. Elle est donc beaucoup plus résistante qu'elle n'en a l'air et s'accommode très bien du milieu ingrat qu'est la ville.

CARACTÉRISTIQUES : pousses généralement couchées, ramifiées avec des bourgeons disposés en touffe au niveau des aisselles des feuilles, stipules blanc argenté luisantes | **FORME DE CROISSANCE** : annuelle ou vivace | **HAUTEUR** : 4-25 cm | **FEUILLES** : opposées, entières, linéaires-rubanées, terminées en pointe | **FLORAISON** : mai-sept. | **FRUIT** : capsule

Les minuscules graines sont disséminées en partie par le vent, mais aussi très souvent par les hommes, en restant accrochées aux chaussures ou lorsqu'ils transportent de la terre.

BEC-DE-GRUE À FEUILLES DE CIGUË

Un bec caractéristique avec des compétences très particulières

ERODIUM CICUTARIUM / GÉRANIACÉE

DE LA CHALEUR Le bec-de-grue est une plante assez flexible, mais il lui faut de la chaleur pour pousser. Il tolère bien de faibles quantités d'eau et d'éléments nutritifs, ainsi que les piétinements. Il n'a pas besoin d'insectes pour la pollinisation, il s'en charge lui-même. Ses graines, qui ressemblent à un bec de grue, ont une singularité étonnante : en cas de sécheresse, la partie inférieure des arêtes s'enroule sur elle-même en forme de spirale. En contact avec de l'eau, l'arête se tend à nouveau et s'enfonce dans le sol ou dans un pelage d'animal ou se déplace en rampant sur le sol.

CARACTÉRISTIQUES : rosette de feuilles en coussinets denses s'étalant à plat | **FORME DE CROISSANCE** : annuelle ou bisannuelle | **HAUTEUR** : 10-60 cm | **FEUILLES** : pennées jusqu'à la nervure médiane, les lobes à nouveau découpés | **FLORAISON** : avr.-oct. | **FRUIT** : akènes avec de longues arêtes

Le bec-de-grue plonge ses racines jusqu'à 1,50 m de profondeur, ce qui lui permet de s'alimenter aussi dans les interstices asséchés entre les pavés. Vous pouvez utiliser les arêtes en forme de spirale pour mesurer le taux d'humidité.

GÉRANIUM HERBE À ROBERT

Plante délicate au parfum désagréable

GERANIUM ROBERTIANUM / GÉRANIACÉE

UN DÉLICAT POLYVALENT Cette plante tolère presque tous les sols dès lors qu'ils sont suffisamment riches.
Grâce à ses pétioles et à ses bourgeons latéraux, elle peut même grimper aux murs. Le géranium herbe à Robert tient probablement son nom du latin *ruber* (= rouge) en raison de la teinte rouge que prennent souvent ses tiges. Mais on trouve aussi cette anecdote : Carl von Linné l'aurait ainsi nommé car son odeur lui rappelait celle de son jardinier Robert…

CARACTÉRISTIQUES : plante à l'apparence délicate, souvent rougeâtre, en général avec des poils munis de glandes | **FORME DE CROISSANCE** : annuelle | **HAUTEUR** : 20-40 cm | **FEUILLES** : avec 3 à 5 lobes en forme de main, 3 à 4 cm de long, 3 à 7,5 cm de large, ses coussinets foliaires lui permettent de s'orienter par rapport au soleil | **FLORAISON** : mai-oct. | **FRUIT** : capsule

Pousse à l'ombre et en plein soleil. Des pigments photoprotecteurs protègent la plante d'une trop forte luminosité en la teintant de rouge. Les graines peuvent être expulsées jusqu'à 6 m de distance.

CIRSE DES CHAMPS

Un ami des insectes prolifique et épineux

CIRSIUM ARVENSE / ASTÉRACÉE

FLEURS PARFUMÉES, DU NECTAR EN ABONDANCE Souvent honni des hommes, ce chardon est l'ami des insectes. De nombreuses espèces de papillons (pas uniquement la Belle-Dame ou Vanesse des chardons) et d'abeilles l'affectionnent beaucoup.

CARACTÉRISTIQUES : feuilles épineuses, mais tiges non épineuses ; capitules souvent nombreux de 0,5 à 1 cm de large | **FORME DE CROISSANCE** : vivace | **HAUTEUR** : 60-120 cm | **FEUILLES** : alternes, entières épineuses | **FLORAISON** : uniquement des fleurs tubulaires, juil.-sept. | **FRUIT** : akènes plumeux

La mouche du chardon se développe dans sa tige. Deux belles espèces de charançons, le Charançon du chardon penché et le Charançon travailleur, se développent dans les capitules floraux. Les cirses sont sensibles aux maladies cryptogamiques et peuvent être éliminés de manière biologique avec un champignon de la rouille.

L'art de la reproduction : une nouvelle plante est capable de se développer très rapidement à partir du moindre petit morceau de racine haché. Les graines qui sont dispersées par le vent peuvent germer un mois seulement après la floraison.

LAMIER POURPRE

Précieux pour les hommes et les animaux

LAMIUM PURPUREUM / LAMIACÉE

JOLIE PLANTE VIVRIÈRE La coloration rouge des jeunes feuilles est une excellente protection contre les rayons intenses du soleil. Déjà présentes en abondance en mars, les fleurs sont très importantes pour les insectes actifs dès le printemps. Les graines possèdent un appendice oléagineux dont se nourrissent les fourmis, elles participent ainsi à la propagation de la plante. Le lamier pourpre est aussi très bon pour notre santé : les feuilles et les jolies fleurs sont en effet comestibles. Elles contiennent de la vitamine B et C ainsi que d'autres principes actifs sains. Vous pouvez les manger en salade, les préparer comme des épinards ou les mixer dans des smoothies. Le lamier pourpre est également utilisé en naturopathie.

CARACTÉRISTIQUES : plante entièrement rougeâtre à pourpre avec des tiges quadrangulaires | **FORME DE CROISSANCE** : annuelle ou vivace | **HAUTEUR** : 15-45 cm | **FEUILLES** : opposées dont les paires se croisent à angle droit (opposées décussées), pétiolées, 1 à 5 cm de long, ovoïdes ou arrondies-ovoïdes, irrégulièrement crénelées ou denticulées, à poils épars | **FLORAISON** : mars-oct. | **FRUIT** : akènes

Cette plante pousse si rapidement qu'elle peut produire jusqu'à quatre générations en une seule année. Vous trouverez ses fleurs en ville même en hiver quand il fait doux.

VÉRONIQUE DE PERSE

Fleurit même en hiver

VERONICA PERSICA / PLANTAGINACÉE

JOLIE VAGABONDE Originaire d'Asie occidentale, cette Véronique se serait échappée du jardin botanique de Karlsruhe où elle avait été introduite au début du XIXe siècle. Elle est depuis une des véroniques les plus présentes en Europe. Elle affectionne les sols chauds, ouverts, riches, argileux et s'enracine jusqu'à 20 cm de profondeur. Elle est pollinisée par nombre de petits insectes. Les graines possèdent un appendice nourrissant que les fourmis stockent dans leur fourmilière comme réserve de nourriture où elles peuvent alors germer et pousser.

CARACTÉRISTIQUES : petites fleurs bleu ciel striées de bleu foncé, port couché, tiges poilues | **FORME DE CROISSANCE** : annuelle ou persistante | **HAUTEUR** : 10-40 cm | **FEUILLES** : feuilles de la base alternes, les supérieures opposées, 1 à 2,5 cm de long, bord à dents inégales | **FLORAISON** : janv.-déc. | **FRUIT** : capsule

La véronique commune reste verte toute l'année et, contrairement aux autres espèces de véronique, elle peut même fleurir en hiver quand il fait assez doux.

CAMPANULE DES MURAILLES

Des coussinets pour les rocailles et les bacs à plantes

CAMPANULA PORTENSCHLAGIANA / CAMPANULACÉE

PLANTE D'ORNEMENT TRÈS MELLIFÈRE

Originaire de Dalmatie, dans le sud ensoleillé de la Croatie, la campanule des murailles a tendance à s'échapper des jardins de rocaille ou des bacs à plantes. Cette plante qui forme des coussinets est capable de s'adapter à diverses conditions : soleil ou mi-ombre, sec ou humide.
Elle fleurit plusieurs fois par an et orne les trottoirs et les voies d'accès des maisons. Elle attire les abeilles domestiques mellifères ainsi que différentes espèces d'abeilles sauvages, dont celles qui sont spécifiques aux campanules. Dans notre jardin, toutes les espèces d'abeilles préfèrent toutefois les campanules indigènes comme la campanule à feuilles rondes.

Cette campanule se propage par ses graines qui sont en partie transportées par les animaux. Lorsqu'une portion de la plante est coupée, elle peut s'enraciner à un autre endroit et former rapidement un large coussinet.

CARACTÉRISTIQUES : plante gris-vert farineuse | **FORME DE CROISSANCE** : pluriannuelle | **HAUTEUR** : 8-15 cm | **FEUILLES** : alternes arrondies à bord sinué | **FLORAISON** : Jjuin-août | **FRUIT** : capsule

CHICORÉE SAUVAGE

La préférée de l'abeille à culotte

CICHORIUM INTYBUS / ASTÉRACÉE

PLANTE À CAFÉ D'AUTREFOIS La chicorée sauvage ne fleurit que le matin et ses fleurs se sont déjà refermées l'après-midi. C'est pour cette raison qu'elle est présente sur l'horloge florale de Carl von Linné. Les abeilles à culotte se sont spécialisées dans les fleurs ligulées des Astéracées. Si aucune d'entre elles ou toute autre abeille ne vient polliniser les fleurs le matin, celles-ci se referment alors plus tard et l'horloge florale prend du retard. Les racines de la chicorée sauvage, appelée aussi chicorée amère, sont utilisées depuis le XVIIIe siècle comme ersatz de café sans caféine. Elle est également consommée comme légume.

Très répandue le long des chemins et des routes, ses profondes racines la rendent plus rare dans les interstices entre les pavés. Tolérant la chaleur et le sel, elle se développe très bien dans les villes.

CARACTÉRISTIQUES : fleurs bleues et feuilles similaires à celles du pissenlit, mais avec un port ramifié plus haut ; latex blanc | **FORME DE CROISSANCE** : vivace | **HAUTEUR** : 30-150 cm | **FEUILLES** : alternes, ressemblant à celles du pissenlit, glabres ou à poils drus sur la face inférieure | **FLORAISON** : fleurs ligulées uniquement, juil.-oct. | **FRUIT** : akènes

VERVEINE OFFICINALE

Plante médicinale ancestrale

VERBENA OFFICINALIS / VERBÉNACÉE

AMÈRE ET DÉPOURVUE DE GOÛT CITRONNÉ En gynécologie, la verveine officinale est connue comme plante médicinale, car elle est utilisée depuis longtemps pour déclencher les contractions. La verveine citronnée, au parfum intense de citron, est une plante aromatique très connue qui, avec ses feuilles entières, est très différente de la verveine officinale. Celle-ci a un goût amer, ne sent pas du tout le citron et doit être consommée avec modération, car elle donne la diarrhée. Elle fleurit très longtemps, souvent jusqu'en octobre et représente ainsi une importante source de nourriture tardive pour les abeilles sauvages.

Les graines de la verveine officinale sont disséminées par le vent. Elles s'accrochent aussi aux animaux et aux chaussures, ce qui leur permet de se propager rapidement dans tout le pays, que ce soit en ville ou dans les villages.

CARACTÉRISTIQUES : inflorescence très longue et très fine avec de petites fleurs mauve pâle ou roses, tige carrée | **FORME DE CROISSANCE** : vivace annuelle | **HAUTEUR** : 30-100 cm | **FEUILLES** : alternes, dentées et découpées en lobes aigus | **FLORAISON** : juil.-sept. | **FRUIT** : akène

BUGLE RAMPANTE

Une polyvalente ornementale

AJUGA REPTANS / LAMIACÉE

COUVRE-SOL POPULAIRE Grâce à ses fleurs bleues, cette plante sauvage indigène n'est plus ni considérée, ni combattue aujourd'hui comme une « mauvaise herbe », mais elle est sciemment plantée en tant que couvre-sol. Elle est une source de pollen pour onze espèces d'abeilles sauvages et fournit nectar et nourriture pour les chenilles de onze autres espèces de papillons. Il s'agit en outre d'une plante médicinale utilisée de diverses manières en médecine populaire : une infusion de bugle serait efficace en cas de rhumatismes, d'ulcères à l'estomac, d'angine et de diarrhée ; en application externe, elle est utilisée en cas d'inflammations cutanées, d'hémorroïdes et d'inflammations des muqueuses. Les feuilles, les tiges et les fleurs sont comestibles. Leur goût amer est similaire à celui de l'endive et on peut les utiliser en assaisonnement ou en décoration.

Reptans signifie rampante en latin, et c'est là toute la stratégie de réussite de cette plante : ses nombreux stolons s'enracinent quand ils entrent en contact avec le sol et forment ainsi de nouvelles plantes.

CARACTÉRISTIQUES : plante avec rosette de feuilles basales, souvent rougeâtres, longs stolons et inflorescences dressées bleu vif | **FORME DE CROISSANCE** : vivace | **HAUTEUR** : 7-30 cm | **FEUILLES** : opposées et se croisant à angle droit, ligulées ou spatulées, entières ou légèrement crénelées, à poils épars | **FLORAISON**: mai-août | **FRUIT** : akène

BRUNELLE COMMUNE

Persistante bleu vif

PRUNELLA VULGARIS / LAMIACÉE

GUÉRISSEUSE Le nom de « brunelle » serait dérivé du mot allemand « Bräune », qui est l'ancienne dénomination de la diphtérie, contre laquelle la plante était utilisée. Ses composants ont notamment un effet antibactérien, régénérant et ils favorisent la guérison. En médecine asiatique, elle est utilisée par exemple contre la fièvre, les maux de tête et l'hypertension artérielle. En application externe, elle favorise la guérison de petites plaies. Les feuilles ont un léger goût amer et peuvent être utilisées en salade. Quant aux fleurs, vous pouvez les utiliser séchées en tisane ou en pommade.

CARACTÉRISTIQUES : inflorescences formées de fleurs implantées sur un axe au même niveau (verticillées), en faisceau terminal, sur une tige carrée, fleurs bleu vif avec un calice brun | **FORME DE CROISSANCE** : vivace | **HAUTEUR** : 5-30 cm | **FEUILLES** : opposées, pétiolées, oblongues, entières ou légèrement crénelées | **FLORAISON** : juin-sept. | **FRUIT** : capsule

Sa faculté à pousser dans les joints lui confère une nouvelle popularité : les magazines de jardinage la recommandent comme jolie persistante à installer dans les interstices entre les pavés pour la terrasse ou les allées du jardin – à la grande joie des insectes.

VIPÉRINE COMMUNE

Superbe vivace urbaine

ECHIUM VULGARE / BORAGINACÉE

CHOUCHOU DES ABEILLES SAUVAGES ET DES PAPILLONS Cette superbe vivace agit comme un aimant à insectes : elle est butinée par les abeilles domestiques mellifères, les abeilles sauvages, les bourdons, les syrphes et les papillons (plus de 40 espèces !). L'Osmie de la vipérine ou Osmie crochue (*Osmia adunca*) s'est même spécialisée dans cette plante. Le changement de couleur des fleurs du rouge au bleu aide les insectes à reconnaître celles qui contiennent encore beaucoup de nectar (rouge). La 1re année, seules la rosette de feuilles et la racine pivotante se forment, les fleurs de la vipérine apparaissant alors la 2e année. Elle est également appelée serpentine.

La vipérine s'accommode des sols très secs, pauvres, voire pollués aux métaux lourds. Elle pousse en ville, mais préfère les bordures de chemins ou les gravats plutôt que les interstices entre les pavés.

CARACTÉRISTIQUES : fleurs en forme d'entonnoir disposées en grappes se déroulant, d'abord violacées, puis bleues ; toute la plante est couverte de soies raides | **FORME DE CROISSANCE** : vivace | **HAUTEUR** : 25-100 cm | **FEUILLES** : persistants, linéaires-lancéolées, alternes, jusqu'à 10 cm de long | **FLORAISON** : avec changement de couleur, mai-sept. | **FRUIT** : akènes

VIOLETTE ODORANTE

Petite merveille parfumée

VIOLA ODORATA / VIOLACÉE

UN MESSAGER DU PRINTEMPS BIENVENU Cette plante nous réjouit dès le mois de mars de ses jolies petites fleurs comestibles. Déjà appréciée au Moyen-Âge en tant que plante d'ornement et médicinale, elle a été importée du Bassin méditerranéen, d'Europe de l'Est et du Caucase vers l'Europe centrale. Elle est aujourd'hui très répandue et est devenue une plante typique des régions peuplées. Outre des huiles essentielles utilisées dans la confection de parfums, elle contient également des substances à usage médical qui réduisent le taux de graisses dans le sang et ont un effet antibactérien.

CARACTÉRISTIQUES : rosette de feuilles en forme de cœur, produit des stolons avec rosettes latérales | **FORME DE CROISSANCE** : vivace | **HAUTEUR** : 5-15 cm | **FEUILLES** : en forme de cœur, feuilles basales uniquement, plus ou moins brillantes sur la face inférieure | **FLORAISON** : mars-avr. | **FRUIT** : capsule

Couvre-sol peu exigeant au parfum enivrant, la violette odorante est appréciée depuis longtemps dans les parcs et les jardins, on la retrouve aussi à présent partout dans les villes. C'est l'œuvre des fourmis qui en ont propagé les graines.

LINAIRE CYMBALAIRE

Charmante petite fleur discrète

CYMBALARIA MURALIS (L.) MILL. / PLANTAGINACÉE

EMBELLIT LES VIEILLES PIERRES
Originaire du Bassin méditerranéen, la linaire cymbalaire est aussi appelée ruine-de-Rome car elle pousse dans les rochers et les murs calcaires, surtout en présence de fissures assez grandes, capables de stocker de l'eau. Astucieux : elle disperse une partie de ses petites graines autour d'elle, mais en garde 1 ou 2 dans leur capsule. Celle-ci se développera alors dans le mur à l'abri de la lumière, de sorte que les graines y trouveront un lieu sûr pour germer. Les feuilles riches en vitamine C étaient utilisées autrefois comme le cresson.

CARACTÉRISTIQUES : fleurs violet clair à jaunes, solitaires sur des pédoncules rougeâtres, et dont le tube est refermé par un palais jaune pâle | **FORME DE CROISSANCE** : vivace | **HAUTEUR** : 10-40 cm, généralement couchée ou retombante | **FEUILLES** : en forme de cœur à arrondies, face inférieure rougeâtre, bord des feuilles lobé | **FLORAISON** : juin-sept. | **FRUIT** : capsule

C'est principalement sur les murs de pierre des vieilles villes que vous trouverez cette plante gracieuse avec ses fleurs mauve et jaune en été.

GRANDE ORTIE

Un super-aliment avide d'azote

URTICA DIOICA / URTICACÉE

INDICATRICE D'AZOTE Friande d'azote, cette plante facilement reconnaissable pousse dans les recoins où les chiens vont uriner. La grande ortie domine souvent la communauté végétale là où les déchets de cuisine ou de jardin sont jetés, en zone urbaine et rurale. Les graines d'ortie sont de véritables super-aliments, elles contiennent notamment des vitamines A, B, E, du potassium, du calcium et ont en plus un goût de noisette. Elles ont besoin du gel pour germer. Dans les villes chaudes sans périodes de gel, cette plante sera la grande perdante.

CARACTÉRISTIQUES : sensation de brûlure lorsque l'on touche la plante, tige anguleuse | **FORME DE CROISSANCE** : pluriannuelle, parties aériennes dressées | **HAUTEUR** : 30-150 cm | **FEUILLES** : opposées et se croisant à angle droit, denticulées allongées et effilées | **FLORAISON** : fleurs mâles horizontales, fleurs femelles retombantes, juil.-oct. | **FRUIT** : nucule

Un rhizome vigoureux produit des stolons de sorte que la plante est capable de se multiplier de manière végétative.
Les graines arrivent à maturité en septembre, s'envolent avec le vent, flottent avec la pluie ou s'accrochent au pelage des animaux.

PASSERAGE DES DÉCOMBRES

Discrète et indestructible

LEPIDIUM RUDERALE / BRASSICACÉE

DE LA STEPPE À LA VILLE Originaire des steppes sèches et rocailleuses d'Eurasie, la passerage des décombres est devenue une espèce hémérophile, c'est-à-dire qui profite de l'influence humaine, et a suivi les hommes dans les zones peuplées et dans les villes.

On la trouve aujourd'hui presque dans le monde entier. Elle s'accommode parfaitement des sols imperméabilisés. Comme elle s'autopollinise, elle n'a pas besoin de pétales colorés pour attirer les insectes.
Elle a une odeur désagréable d'urine et ressemble en fin d'été à un chandelier à plusieurs branches tout en filigrane.

CARACTÉRISTIQUES : port érigé, très ramifié avec des inflorescences en grappes et une abondance de minuscules fleurs | **FORME DE CROISSANCE** : annuelle ou bisannuelle | **HAUTEUR** : 10-30 cm | **FEUILLES** : feuilles de la rosette et inférieures généralement pennées, alternes, pétiolées, feuilles supérieures sessiles, entières, linéaires à lancéolées | **FLORAISON** : ✤ mai-oct. | **FRUIT** : silicule

Les graines (et parfois la plante toute entière) sont emportées par les courants d'air créés par les voitures ou les trains qui passent et se propagent ainsi le long des routes et des voies ferrées.

PLANTAIN LANCÉOLÉ

Plante médicinale frugale

PLANTAGO LANCEOLATA / PLANTAGINACÉE

COMME SON GRAND FRÈRE Le plantain lancéolé partage beaucoup de propriétés avec son proche parent le grand plantain (v. p. 104) : il est comestible, a de nombreuses qualités médicinales et tolère les fortes chaleurs ainsi que la sécheresse. Mais il résiste moins bien aux piétinements et préfère pousser dans les lieux plus calmes. Grâce à ses principes actifs antibactériens et hémostatiques, il a été nommé « Plante médicinale de l'année » en 2014. On peut appliquer le jus d'une feuille pressée directement sur les petites plaies ou sur les piqûres d'insectes par exemple.

CARACTÉRISTIQUES : inflorescences ovoïdes-cylindriques avec de longues étamines blanc-jaune sur des tiges sillonnées dépourvues de feuilles | **FORME DE CROISSANCE** : vivace | **HAUTEUR** : 10-50 cm | **FEUILLES** : rosette basale, étroitement lancéolées, 10-20 cm de long, jusqu'à 2 cm de large | **FLORAISON** : ☘ mai-sept. | **FRUIT** : capsules à plusieurs graines

Bien que le plantain lancéolé n'ait pas l'air aussi robuste que le grand plantain, il s'accommode très bien de la ville, surtout grâce à son système racinaire profond et très développé.

GRAND PLANTAIN

Nous le croisons à chaque pas

PLANTAGO MAJOR / PLANTAGINACÉE

SEIGNEUR DES SENTIERS Extrêmement résistant, le grand plantain a une très grande capacité d'adaptation : dans de bonnes conditions, il peut produire des feuilles en forme de cuillère larges comme la main et des fleurs à hauteur de genou. Dans des sols imperméabilisés ou encore dans des interstices étroits entre les pavés, ses rosettes de feuilles ne feront en revanche que quelques centimètres de hauteur. Il ne se plaint jamais, s'accommode très bien des piétinements, du sel et de la sécheresse et ses racines pouvant aller jusqu'à 80 cm de profondeur lui permettent de s'alimenter — le parfait citadin ! Les colons européens l'ont exporté un jour en Amérique du Nord où il est nommé depuis « empreinte de l'homme blanc » par la population indigène. On le trouve aujourd'hui dans le monde entier.

DE NOMBREUSES QUALITÉS MÉDICINALES... Le grand plantain est utilisé depuis longtemps déjà en médecine

---

CARACTÉRISTIQUES : feuilles en forme de cuillère avec des nervures parallèles marquées, inflorescences étroites, vert-jaune brunâtres, ressemblant à un épi | **FORME DE CROISSANCE** : vivace | **HAUTEUR** : 5-40 cm | **FEUILLES** : rosette sur le sol, plus de 10 cm de long, sur de longs pétioles | **FLORAISON** : ☘ juin-oct. | **FRUIT** : capsules à plusieurs graines

populaire dans de nombreux cas. Il contient notamment beaucoup de mucilages, de substances amères et de tanins. Un sirop ou une bouillie par exemple réalisé avec ses feuilles a une action anti-inflammatoire et favorise la cicatrisation. D'autres propriétés médicinales, entre autres contre les virus et les ulcères, font actuellement l'objet de recherches. Le plantain est considéré comme l'ami et le protecteur des randonneurs ; il aide même à prévenir ou soulager les ampoules, en plaçant les feuilles fraîches comme semelle dans les chaussures.

... ET COMESTIBLE Le grand plantain est riche en vitamines et minéraux essentiels. Les jeunes feuilles tendres peuvent être mangées crues en salade ou cuisinées comme les épinards, consommées comme des légumes ou ajoutées à des soupes. Elles peuvent même servir de base à une sorte de choucroute. Les petites graines contiennent beaucoup de protéines et peuvent être ajoutées à du muesli par exemple ou moulues pour remplacer la farine. Elles se conservent bien une fois séchées. Vous pouvez aussi cueillir les jeunes tiges florales et les cuisiner comme des asperges — elles ont un goût proche des champignons. Les longues racines dégagent un arôme intense.

Le grand plantain réussit même à pousser dans de minuscules fissures sur la chaussée.

À NE PAS CONFONDRE Le grand plantain ressemble au plantain bâtard, dont les fleurs duveteuses et légèrement parfumées arborent un joli rose pâle ; ses feuilles sont légèrement poilues et couchées sur le sol. Ses autres propriétés et applications sont en revanche très similaires.

Quand elles sont humides, les enveloppes des graines à maturité gonflent, puis deviennent collantes et gluantes. Cela leur permet de s'accrocher aux pattes des animaux, aux chaussures, aux roues des vélos et aux pneus des voitures : elles ont pu ainsi se propager dans le monde entier.

EUPHORBE DES JARDINS

Délicate cosmopolite

EUPHORBIA PEPLUS / EUPHORBIACÉE

LATEX TOXIQUE Le latex blanc qui s'écoule lorsque l'on blesse la plante est toxique et peut provoquer des irritations cutanées. Les fleurs sont constituées uniquement d'organes de reproduction, entourés de bractées terminales vert-jaune. Les glandes à nectar présentent ouvertement le nectar sous forme de gouttelettes scintillantes — très attractives pour les insectes, qui peuvent facilement s'en délecter. Les capsules s'ouvrent en explosant et expulsent les graines aux alentours.

CARACTÉRISTIQUES : pseudanthium vert-jaune avec quatre glandes jaunes ovales | **FORME DE CROISSANCE** : annuelle | **HAUTEUR** : 10-30 cm | **FEUILLES** : arrondies à obovales avec une extrémité supérieure arrondie, entières, 0,5 à 2 cm | **FLORAISON** : juil.-oct. | **FRUIT** : capsule

Originaire d'Europe et d'Afrique du Nord, on retrouve aujourd'hui l'euphorbe des jardins presque partout comme néophyte.
Sa grande capacité d'adaptation lui a permis de s'implanter aussi en ville.

MERCURIALE ANNUELLE

Catapulte à pollen

MERCURIALIS ANNUA / EUPHORBIACÉE

MÂLES ET FEMELLES SÉPARÉS Les fleurs mâles et les fleurs femelles se trouvent en général sur des plantes différentes — on parle dans ce cas de plante dioïque. La mercuriale est une plante médicinale ancienne considérée comme diurétique, laxative et efficace contre les troubles gynécologiques. Le nom générique scientifique « *Mercurialis* » vient de Mercure, le messager des dieux dans la Grèce antique, qui, selon la légende, aurait découvert les vertus curatives de la plante. Une seule plante peut produire plus d'un milliard de grains de pollen.

CARACTÉRISTIQUES : plante à rameaux opposés avec de longs épis floraux vert clair | **FORME DE CROISSANCE** : vivace | **HAUTEUR** : 20-50 cm | **FEUILLES** : opposées, glabres, obovales étroites à lancéolées et à dents obtuses sur les bords, 3 à 10 cm de long | **FLORAISON** : mai-oct. | **FRUIT** : capsules avec akènes à une seule graine

Originaire du Sud de l'Europe, cette plante affectionne les habitats riches et chauds où elle peut s'enraciner jusqu'à 50 cm de profondeur. Elle trouve parfaitement sa place en ville et peut catapulter ses graines jusqu'à 4 m de distance.

CHÉNOPODE BLANC

Nourriture pour les papillons, transmetteur de virus

CHENOPODIUM ALBUM / AMARANTHACÉE

PLANTE SPONTANÉE TRÈS RÉPANDUE Que ce soit dans les cultures sarclées agricoles, les jardins potagers ou encore souvent dans l'espace urbain, cette plante est une pionnière des lieux incultes, des chantiers ou des chemins.

PLANTE UTILE ANCIENNE Les graines étaient déjà utilisées au Néolithique pour fabriquer de la farine.
Aujourd'hui encore, les feuilles sont préparées comme les épinards ou agrémentent les smoothies et les salades, car elles contiennent beaucoup de vitamines et de minéraux.
Mais attention, cette plante contient de l'acide oxalique et ne doit donc pas être consommée en trop grandes quantités.

CARACTÉRISTIQUES : plante gris-vert, farineuse | **FORME DE CROISSANCE** : annuelle | **HAUTEUR** : 20-150 cm | **FEUILLES** : alternes, ovales-lancéolées ou en forme de losange | **FLORAISON** : juil.-oct. | **FRUIT** : nucule à une seule graine

Les graines peuvent rester plusieurs années dans le sol avant de germer. Elles se propagent exceptionnellement bien dans les prés, car elles sont certes consommées par la plupart des animaux, mais sans être digérées.

HÔTEL À NUISIBLES Le chénopode blanc sert d'hôtel à divers nuisibles comme le puceron noir de la fève ainsi qu'à toute une série de virus végétaux. Mais elle constitue aussi une importante source de nourriture pour nombre de chenilles de papillons de la famille des Hespéridés. Nous avons trouvé dans la littérature scientifique plus de 70 espèces se nourrissant de cette espèce végétale. Pour les insectes butineurs, cette plante n'est toutefois pas attractive. Elle s'est adaptée à la pollinisation par le vent et ne produit donc pas de nectar.

Les fleurs discrètes de l'ansérine sont pollinisées par le vent.

L'ansérine est une plante nourricière pour les chenilles de plus de 70 espèces de papillons.

HERNIAIRE GLABRE

Un substitut de gazon très résistant

HERNIARIA GLABRA / CARYOPHYLLACÉE

MULTIPLES PERSONNALITÉS De nombreux noms pour une plante si petite : turquette, millegraine, herniole ou encore « casse-pierre ». Ce dernier se rapporte à sa capacité à pousser entre les joints et interstices entre les pavés façonnés par les hommes en ville. Elle tolère par ailleurs très bien les piétinements et produit des grappes de fleurs verdâtres et de minuscules feuilles vert frais. L'herniaire glabre est utilisée en naturopathie pour ses effets diurétiques, astringents et émollients.

Peu exigeante et très résistante, l'herniaire est commercialisée aujourd'hui comme le « couvre-sol de la nouvelle génération » et est utilisée pour remplacer le gazon sur les sols arides et ensoleillés.

CARACTÉRISTIQUES : plante vigoureuse, jaunâtre, très rameuse avec de minuscules glomérules | **FORME DE CROISSANCE** : annuelle ou vivace | **HAUTEUR** : 5-30 cm | **FEUILLES** : charnues, entières, ovales à oblongues, jusqu'à 7 mm | **FLORAISON** : juin-oct. | **FRUIT** : akène

AMBROISIE À FEUILLES D'ARMOISE

Néophyte au pollen allergisant

AMBROSIA ARTEMISIIFOLIA / ASTÉRACÉE

VOUS FAIT ÉTERNUER Les propriétés très allergènes de l'ambroisie à feuilles d'armoise ainsi que de l'armoise citronnelle (p. 80) font d'elles deux indésirables dans l'espace urbain. L'ambroisie contient beaucoup de substances amères et peut provoquer des empoisonnements graves, allant des maux de ventre et vomissements aux lésions rénales. Des troubles importants de la concentration, voire du système nerveux central ont également été rapportés. Cela est principalement imputé à la thuyone, un principe actif qui repousse également les moustiques.

CARACTÉRISTIQUES : face inférieure des feuilles gris argenté et duveteuse | **FORME DE CROISSANCE** : annuelle | **HAUTEUR** : 50-150 cm | **FEUILLES** : feuilles inférieures opposées, les supérieures alternes, découpées en lobes aigus jusqu'à la nervure principale | **FLORAISON** : ✿ en capitules floraux mâles et femelles, inflorescences en épis terminaux, juil.-oct. | **FRUIT** : akènes, restent sur la base du capitule

Une ambroisie produit plusieurs milliers de minuscules graines tous les ans. Celles-ci restent dans le réceptacle floral et s'accrochent grâce au bec de leurs bractées aux animaux qui les propagent ensuite.

LIERRE GRIMPANT

Veut atteindre des sommets

HEDERA HELIX L. / ARALIACÉE

PLANTE MÉDICINALE AVEC DES BAIES TOXIQUES Les feuilles de lierre ont été utilisées dès l'Antiquité comme analgésiques, elles sont employées aujourd'hui pour traiter les infections des voies respiratoires. Le lierre a même été élu « Plante médicinale de l'année 2010 ». Le jus des baies ainsi que les feuilles fraîches peuvent toutefois provoquer des réactions allergiques sur la peau, ainsi que des nausées, des diarrhées et des vomissements en cas d'ingestion.

SIGNIFICATION SYMBOLIQUE Le lierre a toujours été riche en symboles. Ses feuilles persistantes représentent la fidélité, la fiabilité et la vie éternelle. Le lierre a par ailleurs un lien symbolique avec les divinités de l'Égypte et de la Grèce antique, et dans certaines régions viticoles, on prédit les vendanges en fonction des fruits du lierre au printemps.

CARACTÉRISTIQUES : persistant avec crampons, inflorescences en ombelles terminales globuleuses | **FORME DE CROISSANCE** : arbrisseau à tiges sarmenteuses | **HAUTEUR** : 0,5-20 m | **FEUILLES** : alternes, 3 à 5 lobes sur les rameaux ne fleurissant pas et ovoïdes en forme de losange sur les rameaux portant des fleurs | **FLORAISON** : sept.-nov. | **FRUIT** : baies bleues disposées en une infrutescence en ombelles terminales globuleuses

SOURCE DE NOURRITURE PARTICULIÈRE Cet escaladeur de façades peut vivre jusqu'à 250 ans et, grâce à sa floraison tardive, il est une importante source de nourriture pour les abeilles sauvages et domestiques mellifères, les guêpes, les mouches, les papillons et les coléoptères. Il peut même se prévaloir d'avoir sa propre espèce d'abeille sauvage, la Collète du lierre (*Colletes hederae*) qui émerge en septembre-octobre pour profiter de sa floraison tardive. Mais ce n'est pas tout, ses fruits étant mûrs à une période inhabituelle, entre janvier et avril, ils offrent alors à de nombreux oiseaux une nourriture très appréciée au milieu de l'hiver. On peut souvent observer des merles, des étourneaux et des rouges-gorges en train de picorer les fruits du lierre.

ISOLANT THERMIQUE NATUREL Voici encore une qualité du lierre. Le lierre donne littéralement vie aux murs et aux clôtures en offrant nourriture et logis aux insectes et aux oiseaux en une symbiose mur-lierre, ce qui en retour protège le mur ou la clôture des intempéries. Il a par ailleurs un effet isolant, principalement contre la chaleur estivale. Grâce à ses crampons, il ne recule devant aucun mur ou aucune façade et grimpe le plus haut possible.

Le lierre et « son » abeille, la Collète du lierre.

Nourriture, lieu de nidification et de vie, cachettes, isolation naturelle de façade... Le lierre est extrêmement polyvalent !

Très résistant, le lierre rampe sur le sol et recouvre chaque recoin non bétonné ou étire ses crampons et grimpe en haut des arbres et des façades.

AILANTE

Monte-aux-cieux

AILANTHUS ALTISSIMA / SIMAROUBACÉE

S'ÉLANCE VERS LE HAUT L'ailante est considéré comme l'arbre poussant le plus rapidement d'Europe. Après leur germination, les jeunes pousses peuvent atteindre dès la première année 1 m de hauteur, voire 3 m dans des sols riches et meubles. En Chine, son pays d'origine, on peut le voir fréquemment à l'état sauvage et dans des plantations, ses feuilles servant de nourriture au Bombyx de l'ailante qui produit des fils de soie. Après être passé par Paris, Vienne, puis Berlin, l'ailante s'est aujourd'hui naturalisé dans de nombreuses villes.

Cette espèce invasive tolère non seulement le sel, mais aussi la sécheresse et s'accommode bien du stress provoqué par les pesticides et les gaz d'échappement. Il a cependant besoin de beaucoup de lumière – les conditions idéales pour se propager rapidement en ville.

CARACTÉRISTIQUES : Les fleurs ont une odeur forte et désagréable et sont pollinisées par les abeilles domestiques mellifères, les coléoptères et les mouches | **FORME DE CROISSANCE** : | **HAUTEUR** : 0,5-25 m | **FEUILLES** : alternes, à nombre impair de folioles à l'extrémité effilée, certaines parfois lobées | **FLORAISON** : fleurs dioïques, en grappes verdâtres, juillet | **FRUIT** : nucule pourvue d'une aile membraneuse

MERISIER

Pionnier des villes et des campagnes

PRUNUS AVIUM / ROSACÉE

L'AMI DES APICULTEURS Le merisier, ou Cerisier sauvage, colonise en tant que plante pionnière les milieux fertiles et a tendance à évincer d'autres petites plantules fraîchement sorties de terre. Avec sa floraison précoce abondante et riche en nectar et pollen, il est une source importante d'énergie et de protéines pour les abeilles sauvages et domestiques. C'est pour cela qu'il est très apprécié non seulement des apiculteurs, mais également des protecteurs de la nature. Les fourmis aussi se délectent du jus sucré sécrété par les nectaires.

CARACTÉRISTIQUES : les fleurs blanches apparaissent avant les feuilles | **FORME DE CROISSANCE** :  | **HAUTEUR** : 0,5-25 m | **FEUILLES** : alternes, denticulées, oblongues-elliptiques à l'extrémité effilée avec deux points rouges (nectaire extrafloral) en haut du pétiole | **FLORAISON** : avr.-mai : | **FRUIT** : fruit à noyau

Il n'y a pas que les hommes qui aiment les cerises, les oiseaux aussi et les étourneaux en particulier qui vont manger les fruits, puis en rejeter les noyaux sans les digérer. C'est ainsi que le Cerisier sauvage peut se propager en ville et à la campagne.

ÉRABLE SYCOMORE

Aire de jeu des insectes

ACER PSEUDOPLATANUS / ACÉRACÉE

HABITAT POUR DE NOMBREUX INSECTES
Ses germes et jeunes pousses se trouvent le long des murs et des chemins, mais il manque souvent de place pour s'épanouir, devenir adulte et fleurir. Les feuilles sont un espace de vie et de nourriture dans l'espace urbain pour des champignons, des coléoptères, des abeilles sauvages, des guêpes, des acariens et des mites. C'est une merveille quand il parvient à fleurir, car son abondant nectar fournit des glucides essentiels aux abeilles domestiques mellifères, aux abeilles solitaires maçonnes, aux halictes, aux abeilles des sables, ainsi qu'à toute une flopée de bourdons.

CARACTÉRISTIQUES : absence de latex ; le fruit tourne en spirale en volant | **FORME DE CROISSANCE** :  | **HAUTEUR** : 0,5-25 m | **FEUILLES** : opposées, à 5 lobes avec des bords de feuilles à dents inégales | **FLORAISON** : mai | **FRUIT** : schizocarpe avec deux akènes jumeaux, disamares, en grappes pendantes

Les graines en forme d'hélice peuvent être transportées sur plusieurs kilomètres les jours de grand vent. L'érable sycomore aime les expositions ensoleillées et ses propriétés lui permettent de s'établir souvent en ville.

NOYER

Gagnant du changement climatique

JUNGLANS REGIA / JUGLANDACÉE

ORIGINAIRE D'ASIE CENTRALE, il a été introduit au-delà des Alpes par les Romains. Les jeunes pousses ne supportent pas le gel, mais grâce aux hivers plus doux, le nombre de jeunes arbres sauvages ne cesse d'augmenter en ville. Ses racines émettent une substance, la juglone, qui inhibe la germination des autres plantes, raison pour laquelle la végétation reste très clairsemée sous les noyers adultes.

CARACTÉRISTIQUES : parfum aromatique en froissant les feuilles ; pollinisé par le vent | **FORME DE CROISSANCE** : 🌳 | **HAUTEUR** : 0,5-30 m | **FEUILLES** : alternes, à nombre impair de folioles, poils axillaires sur la face inférieure de la feuille | **FLORAISON** : monoïque : fleurs mâles dans les chatons précoces retombants ; inflorescences femelles avec quelques fleurs vertes tardives, avr.-juin | **FRUIT** : fruit à noyau

Il arrive que des oiseaux malins ramassent des noix, aillent ensuite se poser sur un feu tricolore, puis les laissent tomber sur la route pour qu'elles se cassent et attendent que le feu passe au rouge. Dès que les voitures s'arrêtent, ils vont en récupérer les cerneaux.

VIGNE VIERGE À TROIS POINTES

Végétalisation des façades

PARTHENOCISSUS TRICUSPIDATA / VITACÉE

OPTIMISATRICE DE CLIMAT Originaire de Chine, du Japon et de Corée, la vigne vierge est une plante grimpante très appréciée pour les façades et les murs. Elle recouvre rapidement de grosses surfaces de béton et améliore ainsi le climat urbain. Les baies savoureuses sont très appréciées des oiseaux, mais toxiques pour les hommes. Elle peut se propager de manière végétative, c'est-à-dire sans pollinisation. On trouve aussi fréquemment sa proche parente, la vigne-vierge à 5 feuilles (*Parthenocissus quinquefolia)* qui comme son nom l'indique possède des feuilles à 5 folioles.

La vigne vierge grimpe grâce à des ventouses, mais comme elle ne s'accroche que superficiellement, elle peut être enlevée facilement. Lorsqu'on l'arrache à l'automne, elle repousse rapidement et peut recouvrir une maison en un été.

CARACTÉRISTIQUES : feuilles vertes au printemps et rouges à la fin de l'été/en automne | **FORME DE CROISSANCE** : arbuste grimpant | **HAUTEUR** : 0,5-20 m | **FEUILLES** : alternes, à 3 lobes et à dents inégales | **FLORAISON** : petites fleurs peu apparentes vert-jaune en panicule, juin-août | **FRUIT** : baies bleu foncé

DIGITAIRE SANGUINE

Petite céréale coriace

DIGITARIA SANGUINALIS / GRAMINÉE

NOURRITURE HIER, ADVENTICE AUJOURD'HUI Piétinée la plupart du temps de nos jours, elle était autrefois largement cultivée comme céréale et ses grains entraient dans la préparation d'un gruau nourrissant jusqu'au XIXe siècle. Aux États-Unis, elle est encore cultivée en tant que plante fourragère. Elle est considérée chez nous comme une plante spontanée indésirable en agriculture.
Elle apprécie les sols secs, riches, dans les endroits chauds et est réputée être une grande gagnante du changement climatique.

Originaire d'Europe du Sud-Est, on la retrouve aujourd'hui fréquemment dans les interstices entre les pavés. Elle peut s'enraciner jusqu'à 35 cm de profondeur et ses minuscules graines sont souvent disséminées par les fourmis.

CARACTÉRISTIQUES : teinte souvent rouge sang des parties aériennes de la plante, rosette couchée-aplatie, chaumes genouillées ascendantes | **FORME DE CROISSANCE** : annuelle | **HAUTEUR** : 10-60 cm | **FEUILLES** : plates, 3-10 cm de long, jusqu'à 8 mm de large, extrémité pointue | **FLORAISON** : août-oct. | **FRUIT** : caryopse, jusqu'à 4 mm de longueur

SÉTAIRE VERTE

Millet "cylindrique"

SETARIA VIRIDIS / GRAMINÉE

FORME PRIMITIVE DU MILLET DES OISEAUX qui est encore cultivé en Asie. Elle est considérée chez nous comme une mauvaise herbe dans la culture du maïs.

Petit jeu : posez un épi à l'envers dans le creux de votre main et appuyez légèrement en rythme. Vous verrez à présent l'épi s'échapper en rampant de votre main telle une chenille verte poilue.

Elle est très appréciée des oiseaux qui la propagent ensuite. Elle a besoin d'au moins 15 °C pour germer et aime les sols riches en azote dans les endroits chauds. Comme de nombreuses graminées, comme le maïs ou le sorgho, la sétaire verte est une plante dite en C4, c'est-à-dire possédant un métabolisme particulier de fixation du carbone qui lui permet de mieux résister à la sécheresse et aux températures élevées.

CARACTÉRISTIQUES : inflorescence de 2 à 10 cm de long, dense, en épi avec des épis très voyants, touffes lâches avec des chaumes genouillées ascendantes | **FORME DE CROISSANCE** :  annuelle | **HAUTEUR** : 15-50 cm | **FEUILLES** : vertes avec une nervure médiane claire ou violette, glabres, avec une couronne de poils à la base | **FLORAISON** : juil.-oct. | **FRUIT** : caryopse

ÉRAGROSTIS MINEUR

Petite herbe de l'amour

ERAGROSTIS MINOR / GRAMINÉE

UNE DES 400 ESPÈCES D'ERAGROSTIS
Le nom générique Eragrostis est un nom composé du grec ancien *eros* signifiant amour et du mot médiéval *agrostis* pour plante spontanée ou mauvaise herbe. Ce qui fait donc d'elle une « adventice de l'amour ». En tant que néophyte originaire d'Asie et de la région méditerranéenne, l'éragrostide faux pâturin s'est rapidement répandue dans les villes européennes. Cette « Little Lovegras », comme elle est appelée aussi en anglais, est souvent teintée de rouge, comme l'amour.

CARACTÉRISTIQUES : inflorescences en corymbe avec des épillets en spirale, pétiolés, sans arêtes, avec des glandes sur les bords des feuilles et des glumes | **FORME DE CROISSANCE** : annuelle en touffe | **HAUTEUR** : 5-30 cm | **FEUILLES** : alternes, membrane (ligule) comme couronne de poils | **FLORAISON** : juin-sept. | **FRUIT** : caryopse avec grain oblong

L'éragrostis mineur est une représentante très fréquente de la flore des zones piétinées, à l'instar de la renouée des oiseaux (p. 36), du grand plantain (p. 104) ou du pâturin annuel (p. 214).

ORGE DES RATS

Irrite les chiens et les chats

HORDEUM MURINUM / GRAMINÉE

ORGE POUR LES SOURIS Cette céréale sauvage qui pousse dans les villes et les villages est en fait assez savoureuse. Nous, les grands mammifères, avons trop peu de patience pour en récolter les minuscules grains, contrairement aux souris. Les arêtes possèdent des barbillons qui irritent et blessent les muqueuses. Les barbillons peuvent se planter dans les oreilles, le museau et les yeux des animaux et provoquer également de graves inflammations sous-cutanées.

CARACTÉRISTIQUES : très similaire à l'Orge commune avec de longues arêtes, mais nettement plus petite | **FORME DE CROISSANCE** : annuelle ou pluriannuelle, plante en rosette feuillée jusqu'au sommet | **HAUTEUR** : 10-40 cm | **FEUILLES** : alternes, simples-lancéolées, gaine avec oreillettes (ou auricules) | **FLORAISON** : mai-oct. | **FRUIT** : caryopse

Des barbillons sur les arêtes permettent aux graines de l'orge des rats de s'accrocher au pelage des chiens et des chats, mais aussi des écureuils et d'autres animaux et de se déplacer ainsi d'une zone au pied des arbres à une autre.

RAY-GRASS

Belle ténacité

LOLIUM PERENNE / GRAMINÉE

POLYVALENT VERT La partie du nom « *perenne* » signifie éternel : cette plante pousse très rapidement, résiste aux piétinements et aux coupes fréquentes et est donc un élément essentiel de toutes les pelouses utiles et d'ornement. Par ailleurs, cette espèce est une excellente plante fourragère très prolifère, aussi pour les pâturages. Ces propriétés lui ont permis de se répandre dans le monde entier depuis l'Europe. Appelé aussi ivraie vivace, le ray-grass apprécie les sols bien fertilisés et pousse dans la nature principalement dans les prairies riches.

CARACTÉRISTIQUES : épillets longs et plats jusqu'à 20 mm de long, plaqués à la tige par le côté étroit | **FORME DE CROISSANCE** : pluriannuelle | **HAUTEUR** : 20-70 cm | **FEUILLES** : vert foncé brillant, 2-4 mm de large et jusqu'à 20 cm de long | **FLORAISON** : mai-oct. | **FRUIT** : caryopse

Plante fourragère et de pelouses très populaire. Quand on trouve le ray-grass en ville, c'est parce qu'il s'est généralement échappé d'un jardin. Cette graminée se propage rapidement par drageons.

PÂTURIN ANNUEL

Robuste et détesté

POA ANNUA / GRAMINÉE

ESPÈCE DE GRAMINÉE INDICATRICE des zones piétinées : le pâturin annuel pousse dans le monde entier, des Tropiques à l'Antarctique, dans les joints et les interstices entre les pavés, les jardins et dans les champs labourés. Appréciant l'azote, nous le retrouvons dans les lieux où les chiens et autres êtres vivants vont régulièrement pour uriner. Cette plante au système racinaire superficiel n'est pas du tout appréciée dans les gazons : il jaunit trop vite et est sensible aux maladies cryptogamiques comme la moisissure des neiges.

CARACTÉRISTIQUES : petite graminée avec des grappes en toute saison | **FORME DE CROISSANCE** : annuelle en touradons | **HAUTEUR** : 2-30 cm | **FEUILLES** : alternes, linéaires, extrémité en forme de barquette, ligule 2-4 mm | **FLORAISON** : mai-déc. | **FRUIT** : grain avec des glumes à poils drus

Cette graminée de petite taille est même capable de fleurir et de fructifier en hiver et de s'installer grâce à nos chaussures dans les fissures des trottoirs les plus proches, tant en saison froide que chaude.

JONC GRÊLE

Globe-trotter coriace

JUNCUS TENUIS / JONCACÉE

TRÈS SURPRENANT Cette espèce, que l'on s'imaginerait plutôt rencontrer dans des milieux aquatiques, pousse sur les trottoirs, le long des routes et dans les trous entre les pavés. Le jonc grêle est très peu exigeant, se développe en plein soleil, dans des conditions aussi bien sèches qu'humides. Plante pionnière, il est aussi capable de coloniser les sols nus et compactés. Originaire d'Amérique du Nord, il s'est répandu en Europe au XIXe siècle et on le retrouve aujourd'hui dans le monde entier. Ses fibres servaient autrefois à fabriquer de la ficelle.

Si vous humectez une capsule du fruit d'un jonc avec de l'eau, des graines gonflées ressemblant aux œufs de grenouilles apparaîtront au bout de quelques minutes.
Elles sont capables de germer très longtemps.

CARACTÉRISTIQUES : touradons jaunâtres à rouge brunâtre avec des inflorescences terminales (ombelles compactes) | **FORME DE CROISSANCE** : vivace | **HAUTEUR** : 15-50 cm | **FEUILLES** : tiges florifères portant à la base une ou deux feuilles souples, similaires à celles des graminées | **FLORAISON** : juin-sept. | **FRUIT** : capsule

BRYUM ARGENTÉ

Herbe des fenêtres

BRYUM ARGENTEUM / BRYUM

LA MOUSSE LA PLUS FRÉQUENTE DES CENTRES-VILLES. Vous trouverez le bryum argenté presque partout dans les centres des grandes villes, là où aucune autre plante ne peut pousser.

CARACTÉRISTIQUES : reflets argentés avec des capsules retombantes en forme de poire | **FORME DE CROISSANCE** : coussinet de mousse | **HAUTEUR** : 0,2-2 cm | **FEUILLES** : spiralées, écailleuses, simples avec pointe | **FRUIT** : capsule retombante sombre à rouge brunâtre

C'est sa parfaite capacité d'adaptation à la sécheresse (ses cellules extérieures meurent et forment une couche protectrice autour du reste des tissus), aux quantités élevées d'azote et à la pollution de l'air qui a permis à cette espèce de s'installer dans les joints des pavés.

La championne de la résistance à la sécheresse pousse dans tous les endroits trop arides pour la plupart des autres plantes. Les feuilles prennent alors un reflet argenté. Pourquoi ? L'extrémité des feuilles ne contient pas de chlorophylle.

GRIMMIE PULVINÉE

Dans un manteau gris

GRIMMIA PULVINATA / GRIMMIACÉE

UN PETIT COUSSINET SEMI-SPHÉRIQUE qui ne manque sur aucun toit, ni sur aucun mur. La teinte grisâtre qui enveloppe la mousse comme un manteau est due aux poils hyalins, c'est-à-dire translucides, qui se trouvent à l'extrémité de chaque foliole. Ils sont une adaptation à la sécheresse et à la chaleur. Cette mousse est sensible aux effets du sel et pousse également sans aucun nutriment. Comme toutes les mousses, elle stocke de l'eau et ne la libère que lentement en cas de sécheresse. C'est pour cette raison que les coussinets de mousse sont importants pour le climat urbain, car ils agissent comme des régulateurs de l'équilibre hydrique.

CARACTÉRISTIQUES : coussinet semi-sphérique à sphérique | **FORME DE CROISSANCE** : coussinet de mousse | **HAUTEUR** : 0,5-3 cm | **FEUILLES** : oblongues spiralées avec un sommet gris | **FRUIT** : capsules retombantes qui s'inclinent d'abord dans le coussinet et se redressent ensuite

De fines particules comme de la poussière, de la terre ou du sable restent accrochées à cette mousse peu exigeante. Cela entraîne peu à peu la formation d'humus et les plantes à fleurs peuvent alors s'implanter en ville.

CAPILLAIRE DES MURAILLES

Aime vivre dans l'ombre

ASPLENIUM TRICHOMANES / ASPLÉNIACÉES

APPRÉCIE LES RECOINS HUMIDES

La capillaire des murailles maîtrise parfaitement les joints humides et ombragés. Vous la trouverez volontiers à proximité des fontaines, des ruisseaux et autres sources d'eau dans les villes et les villages. Elle apprécie également les voies d'accès situées à l'ombre et pousse parfois avec les hépatiques, notamment l'hépatique des fontaines.

CARACTÉRISTIQUES : pétiole brun, persistante | **FORME DE CROISSANCE** : touradons | **HAUTEUR** : 5-25 cm | **FEUILLES** : fronde avec de nombreuses pennes symétriques, arrondies, dentées | **FRUIT** : sporange sur l'ensemble des faces inférieures des frondes, juil.-août

En tant qu'hôte des murs en pierres sèches, la capillaire des murailles nous démontre très bien à quel point les fougères peuvent être, elles aussi, peu exigeantes et capables de s'adapter, alors qu'elles préfèrent en fait les milieux humides. Et quelle beauté !

RUE DES MURAILLES

Nourriture pour chenille de papillon

ASPLENIUM RUTA-MURARIA / ASPLÉNIACÉES

EN TANT QU'ESPÈCE CARACTÉRISTIQUE des fentes de murs avec des joints en mortier, cette fougère est souvent présente dans les vieux murs. À l'origine, on la rencontrait dans les fissures des rochers en montagne.

On aperçoit fréquemment sur les frondes des chenilles brunes qui rampent en se tortillant. Il s'agit des larves affamées d'un papillon, la Gnophos tannée, qui adorent croquer les feuilles de la rue des murailles.

CARACTÉRISTIQUES : pennes en forme de losange, persistantes | **FORME DE CROISSANCE** : touradons | **HAUTEUR** : 10-40 cm | **FEUILLES** : frondes bi- ou tripennées avec des pennes irrégulières, triangulaires ou ovales | **FRUIT** : sporanges sur l'ensemble des faces inférieures des frondes, juil.-oct.

La rue des murailles stocke de l'eau dans son épais rhizome. C'est grâce à lui qu'elle a pu s'adapter à l'environnement sec des fissures des murs. On la retrouve aussi parfois dans les joints des pavés.

CALOPLACA CITRINA

Lichen incrustant sur les pierres et les murs

CALOPLACA CITRINA / TÉLOSCHISTACÉE

À LA FOIS ALGUE ET CHAMPIGNON Ceci est une description générale des lichens. Lors de cette symbiose, les algues fournissent de la nourriture aux champignons qui, en retour, les protègent des forts rayons du soleil. Les lichens sont des indicateurs importants de polluants et il existe une grande richesse d'espèces. Le genre *Caloplaca* représente environ 500 espèces que seuls quelques spécialistes peuvent déterminer avec exactitude. Lorsque vous voyez des lichens incrustants jaunes sur des pierres et des murs, il y a une très forte probabilité qu'ils fassent partie de la famille des *Caloplaca*.

CARACTÉRISTIQUES : lichen incrustant ou crustacé sur des pavés et des murs, plutôt sur du calcaire ou des pierres riches en nutriments | **FORME DE CROISSANCE** : crustacé isolé, irrégulier | **HAUTEUR** : 0,1 cm | **FRUIT** : spores

Il ne faut jamais détruire les lichens, car ils poussent tous très lentement. Ils colonisent les pierres et apportent ainsi la vie dans nos villes.

LÉCANORE DES MURS

Lichen ou chewing-gum ?

LECANORA MURALIS / LÉCANORACÉE

SUR LES PIERRES, ce lichen forme des « croûtes » gris-vert en forme de rosette, dont les bords clairs sont finement lobés. Ce lichen résistant décore ainsi le haut des murs dans les villes et les villages. La lécanore des murs adhère étroitement aux pierres.
Au centre de la « croûte », on retrouve, serrées les unes contre les autres, les fructifications en forme de disque des lichens (apothécies). Souvent présent sur les trottoirs, ce lichen est parfois confondu avec du chewing-gum.

CARACTÉRISTIQUES : crustacé gris-vert sur les pavés et les murs | **FORME DE CROISSANCE** : crustacé isolé, irrégulier | **DIAMÈTRE** : 10 cm | **FRUIT** : spores

Ce lichen profite de l'imperméabilisation des sols et de la surfertilisation. La Lécanore des murs résiste à la sécheresse et va continuer de se propager en ville à l'avenir. Elle est utilisée dans le cadre de la biosurveillance des polluants atmosphériques.

INDEX

GLOSSAIRE

Nous avons essayé d'utiliser le moins de termes spécialisés possibles dans notre texte, mais parfois, on ne peut vraiment pas faire autrement. Si vous rencontrez sur un mot incompréhensible, vous pouvez en vérifier ici le sens.

Akène : forme spécifique des fruits secs, un fruit déhiscent (qui s'ouvre spontanément à maturité), que l'on retrouve principalement chez les Lamiacées et les Boraginacées
Capsule : réceptacle de spores (sporange) des mousses
Caryopse : fruit indéhiscent (qui ne s'ouvre pas spontanément à maturité) contenant une seule graine des graminées (grain)
Coussinet : forme de croissance compacte des vivaces, typique des plantes de désert, saxicoles (qui vivent sur les rochers) et de haute montagne
Crampons : racines ressemblant aux pousses des plantes grimpantes
Dioïque : plante à un seul sexe ne portant que des fleurs soit mâles, soit femelles sur un seul et même individu
Éperon : élément de la fleur, prolongement creux en forme de tube qui s'étire en partant de l'intérieur de la fleur
Glume : bractée membraneuse sur l'épillet qui entoure les fleurs des graminées
Monoïque : plantes avec des fleurs mâles et femelles sur un même individu
Multiplication végétative : multiplication asexuée des plantes au cours de laquelle une nouvelle plante indépendante pousse à partir de différentes sections de la plante
Mycorhize : communauté entre une plante et un champignon sur ou dans les racines. La plante fournit du sucre au champignon et le champignon fournit des nutriments à la plante.
Néophyte : plantes qui colonisent des habitats dans lesquels elles n'étaient pas indigènes
Ombelle : inflorescence en corymbe composée de fleurs uniques, capitules ou épillets chez qui les sections les plus anciennes sont surmontées par les plus récentes
Palais : forme de fleur dont la lèvre inférieure recouvre la lèvre supérieure et par laquelle la fleur est ensuite mécaniquement refermée
Rhizome : système de tiges (tubercules) généralement souterraines ou poussant juste au-dessus du sol
Schizocarpe : sous-unité d'un fruit sec qui, à maturité, se sépare en deux ou plusieurs schizocarpes par division des cloisons
Silique, silicule : capsule oblongue composée de deux carpelles et de plusieurs graines le long d'une cloison intercarpellaire
Sore : amas de sporanges (réceptacles de spores) situés sur la face inférieure des crosses des fougères
Spore : cellule de reproduction et propagation des plantes (fougères)
Touradon : forme de croissance d'une plante dont les nombreuses tiges poussent très étroitement les unes contre les autres (p. ex. les graminées)
Ventouse : structure d'accroche sur les vrilles de certaines plantes grimpantes
Vivace : plante pluriannuelle

TERMES BOTANIQUES

En botanique, il existe un terme technique pour presque tout. Mais ne vous inquiétez pas, vous n'avez pas besoin d'apprendre de « jargon technique » pour comprendre ce livre. À l'aide des illustrations, vous saurez comment sont appelées différentes formes de fleurs, de feuilles et de fruits.

FORMES DE FLEURS

En partant d'une structure de base, de nombreuses familles de plantes ont développé des formes de fleurs très caractéristiques. Les reconnaître facilite l'identification de la plante.

Symétrie bilatérale

La fleur possède une symétrie en miroir selon un axe vertical.

Fleur en cloche

Cinq pétales se sont soudés pour former une clochette.

Fleur labiée

Fleur à symétrie bilatérale composée d'une lèvre supérieure et inférieure.

Fleur papilionacée

Fleur à symétrie bilatérale à 5 pétales : deux ailes (sur le côté), un étendard (en haut) et une carène (en bas).

INFLORESCENCES

Les fleurs ne sont pas toujours isolées, mais peuvent aussi être groupées.

Épi

Les fleurs n'ont pas de pédoncule et sont disposées directement autour de l'axe central.

Grappe

Les fleurs sont pédonculées et disposées le long de l'axe central.

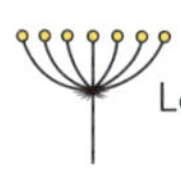

Ombelle

Les pédoncules partent tous d'un même point.

Capitule

Nombreuses fleurs minuscules poussant serrées les unes contre les autres sur un réceptacle floral. On différencie ici les fleurs ligulées (en forme de languettes) et les fleurs tubulaires (en forme de tube).

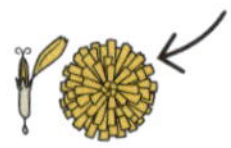

FORMES DES FEUILLES

Dans le règne végétal, les feuilles sont polymorphes. De nombreuses plantes ont des feuilles avec une forme typique, ce qui est très important pour leur identification.

feuille simple

feuille lobée

feuille trifoliée

feuille pennée

On distingue les feuilles imparipennées (à nombre impair de folioles) avec une foliole terminale et les feuilles paripennée (avec un nombre pair de folioles) sans foliole terminale.

BORD DES FEUILLES

La forme des bords des feuilles aide également à l'identification d'une plante.

Entière

La bordure du limbe est lisse ou légèrement ondulée.

Incisée

Le bord présente des découpes profondes et souvent irrégulières.

Crénelée

Les dents sont arrondies, les creux pointus.

Dentée

Les dents sont pointues, les creux arrondis.

Denticulée

Les dents et les creux sont pointus.

DISPOSITION DES FEUILLES

La disposition des feuilles sur la plante et leur position les unes par rapport aux autres sont des caractéristiques distinctives.

Alternes

Les feuilles sont décalées les unes par rapport aux autres de chaque côté de la tige.

Opposées

Les feuilles se font directement face de chaque côté de la tige.

Opposées-décussées

Les feuilles se font directement face de chaque côté de la tige, celles du nœud supérieur et inférieur également, mais décalées de 90°. On dit aussi « opposées en croix ».

Rosette de feuilles

Toutes les feuilles partent du sol à partir d'un même point.

FRUITS

Les fruits mûrs permettent souvent d'identifier facilement une plante.

Schizocarpe

Fruit mûr qui se divise en plusieurs parties grâce à des points destinés à la rupture.

Akène

Fruit sec à une seule graine, qui ne s'ouvre pas à maturité. Souvent pourvu d'une aigrette permettant la dispersion par le vent.

Nucule

Graine individuelle entourée d'une coque dure et ligneuse.

Fruit à noyau

Graine individuelle entourée d'une coque dure et ligneuse qui est, à son tour, entourée d'une chair tendre.

Baie

Une chair juteuse entoure plusieurs graines.

CRÉDIT DES PHOTOGRAPHIES ET ILLUSTRATIONS

Toutes les photographies ont été prises par **Frank Hecker** spécialement pour ce livre sauf : **Alpsdake** (1) : p. 56 ; **Heiko Bellmann/ Frank Hecker** (2) : p. 57, 92, 121 ; **Silke Frank** (2) : p. 10, 19 ; **Felix Fornoff** (1) : p. 13h ; **Alexandra-Maria Klein** (3) : p. 64, 113u, photo des autrices ; **Julia Krohmer** (22) : p. 9, 14, 15, 16b, 18, 20/21, 30, 34, 36, 41, 43, 60, 61, 93, 103, 105, 110, 133h, 114, 120, 122, photo des autrices ; **Claudia Salata** (1) : p. 4 ; **Shutterstock** (2) : p. 7 **(PhotoKatja)**, 12 **(ON Photography)**.

Illustrations : Sigrid Haag (8) : p. 47, 65, 74, 78, 80, 94, 100, 111 ; **Reinhild Hofmann** (7) : p. 63, 119, 120, 121, 122, 123, 124 ; Gerhard Kohnle (2) p. 87, 102. Toutes les autres sont de **Marianne Golte-Bechte**.

Toutes les représentations graphiques des termes botaniques sur l'intérieur du rabat de la 4e de couverture sont d'**Anna Fuchs**. Les symboles des formes de fleurs sont de **Marianne Golte-Bechtle** (4, 5 et plus de 5 pétales), **Freepik** www.flaticon.com (graminées et plantes ligneuses), **Muhammad Usma**n sur www.flaticon.com (à symétrie bilatérale), **Voysla** sur www.flaticon.com (fougères), **Shuttesrstock** (oixxo : mousses / Uladzimir zgurski : lichens)

Couverture et conception des rabats : DIE BASIS, Wiesbaden, en utilisant une photo de Max Manin / Shutterstock.com et une illustration de Marianne Golte-Bechtle

Voici à quoi ressemble notre photographe Frank Hecker quand il part en excursion à la recherche de flore des pavés.

L'édition originale de ce titre a été publiée en allemand sous le titre « Das Wächst in deiner Stadt » © 2023, Franckh-Kosmos Verlag, Stuttgart

Traduit par : Claire Deschamps-Pruller

33, rue du Faubourg Montmartre
75009 Paris
Tél. : 01 48 05 03 03
www.editions-ulmer.fr

Réalisation : Laurent Melin
Impression : Printer Trento, srl
ISBN : 978-2-37922-351-8
N° d'édition : 351-01

Retrouvez-nous sur Facebook et Instagram

Dépôt légal : février 2024
Imprimé en Italie

FSC
www.fsc.org
MIX
Papier | Fördert gute Waldnutzung
FSC® C023164

À découvrir :

Quelle est cette plante ?